建筑业碳排放量化测算及减排路径研究

QUANTITATIVE MEASUREMENT OF CARBON EMISSIONS AND EMISSION REDUCTION PATH OF CONSTRUCTION INDUSTRY

吕 辉 周光权 ◎ 著

图书在版编目（CIP）数据

建筑业碳排放量化测算及减排路径研究/吕辉，周光权著．—北京：经济管理出版社，2023.7

ISBN 978-7-5096-9163-2

Ⅰ.①建… Ⅱ.①吕… ②周… Ⅲ.①建筑业—二氧化碳—减量化—排气—研究—中国 Ⅳ.①X511

中国国家版本馆 CIP 数据核字(2023)第 143122 号

组稿编辑：杜　菲
责任编辑：杜　菲
责任印制：张莉琼
责任校对：王淑卿

出版发行：经济管理出版社
（北京市海淀区北蜂窝 8 号中雅大厦 A 座 11 层　100038）
网　址：www. E-mp. com. cn
电　话：（010）51915602
印　刷：唐山玺诚印务有限公司
经　销：新华书店
开　本：720mm×1000mm/16
印　张：12
字　数：130 千字
版　次：2023 年 8 月第 1 版　2023 年 8 月第 1 次印刷
书　号：ISBN 978-7-5096-9163-2
定　价：88.00 元

前　言

从国际视角来看，目前，建筑领域的碳排放量占比超过总碳排放量的1/3。2022年11月，联合国环境规划署发布《2022年全球建筑建造业现状报告》，指出，2021年全球主要经济体的建造活动有所提升，建筑物的能源需求较2020年增加约4%，达135艾焦，创下过去10年以来最大增幅。同时，行业的总能耗和二氧化碳排放量增长至2020年以前水平以上，建筑运营产生的二氧化碳排放量达历史新高，约100亿吨，同比增长约5%，较上一峰值时期（2019年）高出2%。据国际能源署（IEA）统计，直接碳排放量即居民、商业建筑化石能源消耗产生的二氧化碳量占全球总碳排放量的9%；间接碳排放量即电力和热力使用产生的二氧化碳量占全球总碳排放量的19%；建材加工及建筑建造过程产生的碳排放量占全球总碳排放量的10%。

预计到2050年，亚洲和非洲的建筑存量将翻一番，2060年全球材料使用量将增长1倍以上。但目前建筑施工行业仍未走上2050年内脱碳的轨道，且其实际气候表现与脱碳途径间的差距仍在扩大。建筑领域实现超低乃至零排放是实现碳达峰碳中和的重要环节，对此，美国、英国、德国等国家均出台了相应的低碳发展政策及方案。

为尽早实现《巴黎协定》的长期目标，即将全球平均气温较前工业化时期上升幅度控制在2.0℃以内，并努力将温度上升幅度限制在1.5℃以内，要严格遵循“减少能源需求、实现电力供应脱碳、解决建筑材料碳足迹”三重战略原则。

本书旨在阐述全寿命周期下建筑业碳排放的发展目标路径、问题及挑战，创建并综合分析各阶段建筑碳排放的模型和方法，识别关键部门的长期战略及可采取的行动，助力中国实现低碳发展的目标。

本书首先阐述了碳中和的相关术语、发展现状、整体运行态势及排放现状等；其次介绍了全寿命周期下建筑碳排放的量化测算方法，然后分析了当前建筑碳中和市场的竞争局势；最后对江西省建筑业碳减排战略及路径作了重点分析，提出碳中和行业发展建议。若您想对建筑业碳中和排放的计算有系统性了解或者想投资碳中和相关行业，本书将成为您不可或缺的工具。

目　录

第一章　概论 ………………………………………………………… 001

一、相关概念 …………………………………………………… 001

二、国家政策 …………………………………………………… 006

三、江西省建筑碳中和政策 ……………………………………… 017

四、其他省份建筑碳中和政策 …………………………………… 023

五、相关规范标准 ……………………………………………… 027

第二章　建筑碳中和发展现状 …………………………………… 030

一、建筑产业碳排放现状 ………………………………………… 030

二、江西省碳排放现状 ………………………………………… 035

三、全球建筑碳交易市场现状 …………………………………… 047

四、双碳背景下江西省建筑业面临的机遇与挑战 ……… 053

第三章　建筑全寿命周期碳排放量化测算 ……………………… 062

一、建筑全寿命周期碳排放理论概述 …………………………… 063

二、建筑碳排放量化测算基本方法 …… 065
三、建筑碳排放因子核算 …… 067
四、建筑全寿命周期碳排放量化测算模型 …… 074
五、建筑碳排放量化测算案例分析 …… 078
六、双碳目标对建筑业发展的影响 …… 087

第四章　江西省建筑业碳减排战略分析 …… 094

一、建筑业产业链进行生态化改造 …… 094
二、力推建筑业节能环保技术开发和利用 …… 103
三、构建符合循环经济的建筑产业体系 …… 111
四、储备建筑业碳捕集前沿技术 …… 125
五、本章小结 …… 128

第五章　江西省建筑业碳达峰路径分析 …… 130

一、从供给侧推动能源结构低碳化 …… 130
二、从需求侧提高能源消耗电气化 …… 136
三、着力提高建筑业使用能源效率 …… 140
四、积极推进建筑业重点领域降碳行动 …… 143
五、增强建筑业生态系统碳汇能力 …… 146
六、碳达峰与碳金融有机结合 …… 148
七、构建全社会协同促进机制 …… 150
八、本章小结 …… 153

第六章 江西省建筑碳中和发展建议及展望 …………………… 155

一、江西省建筑碳中和发展机遇和挑战 …………………… 155

二、江西省建筑碳中和推进路径 …………………… 160

三、江西省建筑碳中和发展对策 …………………… 167

四、江西省建筑碳中和发展展望 …………………… 174

参考文献 …………………… 176

第一章
概　论

一、相关概念

（一）二氧化碳当量

二氧化碳当量是比较不同温室气体排放的量度单位，各种不同温室效应气体对地球温室效应的贡献度皆有所不同。联合国政府间气候变化专门委员会（Intergovernmental Panel on Climate Change，IPCC）第四次评估报告指出，在温室气体的总增温效应中，二氧化碳（CO_2）贡献约占63%，甲烷（CH_4）贡献约占

18%，氧化亚氮（N_2O）贡献约占6%，其他贡献约占13%。为统一度量整体温室效应的结果，需要一种能够比较不同温室气体排放的量度单位，由于二氧化碳增温效益的贡献最大，因此，规定二氧化碳当量作为度量温室效应的基本单位。

（二）碳源

碳源是指向大气中释放二氧化碳的母体。分为自然碳源与人为碳源，其中自然碳源是指自然过程释放的二氧化碳，人为碳源是指人类生活与生产活动释放的二氧化碳。

（三）碳汇

碳汇是与碳源相对的概念，指自然界中碳的寄存体，主要表现为陆地与海洋等吸收并储存二氧化碳的生态系统，以及这个系统吸收并储存二氧化碳的过程与能力，包括森林碳汇、海洋碳汇、耕地碳汇、草地碳汇、湿地碳汇、林业碳汇等。

（四）碳排放

碳排放是指人类生产经营中向外界排放温室气体的过程。温室气体包括二氧化碳、甲烷、氧化亚氮、氢氟碳化物、全氟碳化物、六氟化硫、三氟化氮等。

（五）碳排放量

碳排放量是指在生产、运输、使用及回收该产品时所产生的平均温室气体排放量。而动态的碳排放量则是指每单位货品累计排放的温室气体量，同一产品的各个批次之间会有不同的碳排放量。

（六）碳捕捉与封存

碳捕捉与封存是指将大型发电厂、钢铁厂、化工厂等排放源产生的二氧化碳收集起来，并用各种方法储存以避免其排放到大气中的一种技术。

（七）碳利用

碳利用是把生产过程中排放的二氧化碳进行提纯，继而投入到新的生产过程中加以使用，而不是简单地封存。

（八）低碳

低碳是指较低的温室气体（以二氧化碳为主）的排放，通过植树造林、节能减排等形式，抵消自身的温室效应，达到零排放的目的。

（九）双碳目标

双碳是中国提出的两个阶段碳减排奋斗目标（以下简称双碳战略目标），指二氧化碳排放力争于 2030 年达到峰值，努力争取 2060 年实现碳中和。

（十）碳达峰

碳达峰指二氧化碳的排放量在某一个时间停止了增长，然后逐渐下降。碳达峰是二氧化碳排放量由增转降的历史性拐点，它标志着碳排放与经济发展的脱钩。达峰目标包括达峰年份和达峰值。

（十一）碳中和

碳中和指企业、团体或个人测算在一定时间内，直接或间接产生的温室气体排放总量，通过植树造林、节能减排等形式抵消自身产生的二氧化碳排放，实现二氧化碳的零排放。简单地说，也就是让二氧化碳排放量“收支相抵”。

（十二）“1+N”政策体系

碳达峰碳中和“1+N”政策体系的“1”指碳达峰碳中和指导意见，“N”则包括2030年前碳达峰行动方案以及重点领域和行业政策措施和行动，当前“N”中还有多个领域相关政策尚未出台。

（十三）装配式建筑

装配式建筑是指由预制部品部件在工地装配而成的建筑。按预制构件的形式和施工方法可分为砌块建筑、板材建筑、盒式建筑、骨架板材建筑及升板升层建筑五种类型。

（十四）绿色建筑

绿色建筑是指在整个生命周期中，最大程度地节省资源（节能、节地、节水、节材）、保护环境，为人们提供一个健康、适用、高效的空间，与自然和谐共存的建筑。绿色建筑也可以称作生态建筑、回归自然建筑、节能环保建筑。

（十五）智慧建筑

智慧建筑是指通过将建筑物的结构、系统、服务和管理根据用户的需求进行最优化组合，从而为用户提供一个高效、舒适、便利的人性化建筑环境。

（十六）建筑碳中和

建筑碳中和是指建筑物在其建材生产、建筑施工、运营维护、拆除回收等过程中，通过节能减排技术手段抵消自身产生温室气体的排放量，实现正负抵消，达到“建筑零排放”。

（十七）建筑业碳中和

建筑业碳中和是指建筑业参与者（各个企业或者组织）的生产和经营实现碳中和的过程。整个建筑生命周期中通过节能减排、负碳技术等手段来抵消自身产生的二氧化碳排放量，实现二氧化碳的零排放。

二、国家政策

（一）政策背景

随着时代的发展，人类的活动在全球近 100 多年来使得大气中的温室气体快速的增长。据有关报告显示，2003 年全球二氧化碳排放已比 1990 年高出 16%。2009 年数据显示，自 1750 年以来，大气中二氧化碳浓度增加了 38%，甲烷浓度增加了 158%，氧化亚氮浓度则增加了 19%。其中，2010 年大气中的温室气体排放创下了工业化时代以来的新高。

1901~2018 年，中国地表年平均气温呈现显著上升趋势，近 20 年是 20 世纪初期以来最暖的时期，中国年升温率明显高于全球平均水平。近年虽然受到新型冠状病毒感染的影响，人类的生产活动有所减少，但全球碳排放增加所造成的气候问题还是不断地加剧。同时全球范围内对于应对气候变化，减少碳排放量的呼声越来越高。各国都在为全球碳中和做出不同的承诺与努力。

1997 年 12 月，第三次缔约方大会在日本京都召开，颁布了

《联合国气候变化框架公约的京都议定书》，首次以法规的形式限制温室气体排放。2005 年《京都议定书》正式生效，但并未对包括中国在内的发展中国家规定具体的减排任务。

2014 年 2 月，国家主席习近平在会见美国国务卿时指出，应对气候变化是中国可持续发展的内在要求，这“不是别人要求我们做，而是我们自己要做”。

2015 年 11 月国家主席习近平在气候变化大会上表示，“中国将把生态文明建设作为‘十二五’规划重要内容，落实创新、协调、绿色、开放、共享的发展理念，通过科技创新和体制机制创新，实施优化产业结构、构建低碳能源体系、发展绿色建筑和低碳交通、建立全国碳排放交易市场等一系列政策措施，形成人与自然和谐发展现代化建设新格局”。

2020 年 9 月，国家主席习近平在第七十五届联合国大会一般性辩论上提出，“二氧化碳排放力争于 2030 年前达到峰值，努力争取在 2060 年前实现碳中和”。2020 年首次宣誓之后，在国际各种大会场合连续六次强调了碳达峰、碳中和。其中包括在 2020 年 9 月的《习近平在联合国生物多样性峰会上的讲话》，2020 年 11 月的《习近平在金砖国家领导人第十二次会晤上的讲话》，2020 年 11 月的《习近平在二十国集团领导人利雅得峰会“守护地球”主题边会上的致辞》，2020 年 12 月的《习近平在气候雄心峰会上的讲话》，2021 年 1 月的《习近平在世界经济论坛“达沃斯议程”对话会上的特别致辞》，2021 年 11 月的第三届巴黎和平论坛发表题为《共抗疫情，共促复苏，共谋和平》的视频致辞。上述 6 次讲话体现了我国对于碳达峰、碳中和积极响应的决心。

2021 年 2 月发布的《国务院关于加快建立健全绿色低碳循环发展经济体系的指导意见》指出，“要深入贯彻党的十九大和十九届二中、三中、四中、五中全会精神，全面贯彻习近平生态文明思想，认真落实党中央、国务院决策部署，坚定不移贯彻新发展理念，全方位、全过程推行绿色规划、绿色设计、绿色投资、绿色建设、绿色生产、绿色流通、绿色生活、绿色消费，把发展建立在高效利用资源、严格保护生态环境、有效控制温室气体排放的基础上，统筹推进高质量发展和高水平保护，建立健全绿色低碳循环发展的经济体系，确保实现碳达峰、碳中和目标，推动我国绿色发展迈上新台阶”。

2022 年 10 月，习近平总书记在党的二十大报告中指出，到 2035 年，我国发展的总体目标之一是“广泛形成绿色生产生活方式，碳排放达峰后稳中有降，生态环境根本好转，美丽中国目标基本实现”。报告中还提出，“我们要推进美丽中国建设，坚持山水林田湖草沙一体化保护和系统治理，统筹产业结构调整、污染治理、生态保护、应对气候变化，协同推进降碳、减污、扩绿、增长，推进生态优先、节约集约、绿色低碳发展”。为了推动绿色发展，促进人与自然和谐共生，一要“加快发展方式绿色转型”。“加快推动产业结构、能源结构、交通运输结构等调整优化。实施全面节约战略，推进各类资源节约集约利用，加快构建废弃物循环利用体系。完善支持绿色发展的财税、金融、投资、价格政策和标准体系，发展绿色低碳产业，健全资源环境要素市场化配置体系，加快节能降碳先进技术研发和推广应用，倡导绿色消费，推动形成绿色低碳的生产方式和生活方式。”二要“积极稳妥推进碳达峰碳中和”。“立足我国能源资源禀赋，坚持先立后破，有计划分步骤实施碳达峰行动。完善能源消耗总量和强度调控，重点控制化石能源消费，逐步转向碳排放总量和强度‘双控’制度……深入推进能源革命，加强煤炭清洁高效利用，加大油气资源勘探开发和增储上产力度，加快规划建设新型能源体系，统筹水电开发和生态保护，积极安全有序发展核电，加强能源产供储销体系建设，确保能源安全。完善碳排放统计核算制度，健全碳排放权市场交易制度。提升生态系统碳汇能力。积极参与应对气候变化全球治理。”

对于中国而言，建筑领域、工业领域及交通领域是中国能源消耗最多的领域。其中，建筑业全过程的碳排放是三个领域中最高的，建筑领域的碳排放量比重占全国碳排放总量的比重已超过半数。为明确减排工作，早日实现双碳目标，建筑行业的双碳政策已经陆续出台。在上述的低碳环保的大环境条件下，中国建筑部门在积极地行动。

我国的“双碳”政策，是以“1+N”的形式发布的，“1”是顶层设计指导意见，“N”则是各行、各个领域分别制定政策措施。2022 年 10 月 21 日，党的二十大新闻中心记者招待会上，生态环境部党组成员、副部长翟青表示，“2020 年中国碳排放强度比 2005 年下降 48.4%，超额完成向国际社会承诺的目标”，“下一步，我国将继续实施积极应对气候变化国家战略，落实碳达峰碳中和‘1+N’政策体系，加快推动重点领域绿色低碳转型，大力推进减污降碳协同增效。稳妥有序推进全国碳市场。加快绿色低碳技术攻关和推广应用，推动形成绿色低碳的生产方式和生活方式”。为达成在 2030 年的碳达峰与 2060 年的碳中和目标，我国在努力推进建筑行业的碳中和。目前，我国处于从普通建筑转型到绿色建筑的发展阶段，我国的政策主要集中于用绿色建筑替代传统的高能耗普通建筑，不过也有少部分较为发达的城市在探索超低能耗建筑与零碳建筑。基于上述背景，我国建筑业碳中和实施的政策主要为：推动绿色建筑规模化发展，大力发展装配式建筑，积极推广绿色建材，加快建筑节能改造以及基于“顶层意见”建筑业碳中和协同发展的相关政策。

（二）绿色建筑助力建筑碳中和相关政策

2019 年 9 月《住房和城乡建设部办公厅关于成立部科学技术委员会建筑节能与绿色建筑专业委员会的通知》发布，目标是“进一步推动绿色建筑发展，提高建筑节能水平，充分发挥专家智库作用”。

2020 年 7 月，住房和城乡建设部、国家发展改革委、教育部、工业和信息化部、人民银行、国管局、银保监会7部委联合印发了《绿色建筑创建行动方案》，要求“推动绿色建筑高质量发展”，“到2022年，当年城镇新建建筑中绿色建筑面积占比达到70%，星级绿色建筑持续增加，既有建筑能效水平不断提高，住宅健康性能不断完善，装配化建造方式占比稳步提升，绿色建材应用进一步扩大，绿色住宅使用者监督全国推广，人民群众积极参与绿色建筑创建活动，形成崇尚绿色生活的社会氛围”。

2021年1月住房和城乡建设部印发《绿色建筑标识管理办法》，要求“规范绿色建筑标识管理，促进绿色建筑高质量发展”，“绿色建筑标识由住房和城乡建筑部统一式样，证书由授予部门制作，标牌由申请单位根据不同应用场景按照制作指南自行制作”。

2021年5月，住房和城乡建设部等15部门联合发布《关于加强县城绿色低碳建设的意见》，要求“县城新建建筑要落实基本的绿色建筑要求，鼓励发展星级绿色建筑。加快推行绿色建筑和建筑节能节水标准，加强设计、施工和运行管理，不断提高新建建筑中绿色建筑的比例……加快推进绿色建材产品认证，推广应用绿色建材。发展装配式钢结构等新型建造方式。全面推行绿色施工……”

2021年10月，中央办公厅、国务院办公厅印发《关于推动城乡建设绿色发展的意见》，要求“到2025年，城乡建设绿色发展体制机制和政策体系基本建立，建设方式绿色转型成效显著，碳减排扎实推进，城市整体性、系统性、生长性增强，‘城市病’问题缓解，城乡生态环境质量整体改善，城市发展质量和资源环境承载能力明显提升，综合治理能力显著提高，绿色生活方式普遍推广”，“到2025年，城乡建设全面实现绿色发展，碳减排水平快速提升，城市和乡村品质全面提升，人居环境更加美好，城乡建设领域治理体系和治理能力基本实现现代化，美丽中国建设目标基本实现”。

最近3年，国家陆续出台了绿色建筑方面的诸多政策，上述政策的逐渐完善对于建筑全生命周期绿色化进行了一些指导。同时绿色建筑的推广与发展是推动建筑行业碳达峰碳中和的重要一环。其政策的主要相关内容可以归纳为以下九点：一是引导建筑零碳化；二是完善政策支持和保障机制；三是实现建筑材料的低碳化；四是提升建筑能效水平；五是促进乡村建筑的改造；六是推进可再生能源建筑的应用；七是建筑运行电气化；八是建筑施工低碳化；九是提高固碳、碳汇的能力。

（三）装配式建筑助力建筑碳中和相关政策

2016年2月，中共中央、国务院印发《关于进一步加强城市规划建设管理工作的若干意见》，指出要“发展新型建造方式。大力推广装配式建筑，制定装配式建筑设计、施工和验收规范，实现建筑部品部件工厂化生产，鼓励建筑企业装配式施工，现场装配。建设国家级装配式建筑生产基地。加大政策支持，力争用

10 年左右时间，使装配式建筑占新建建筑的比例达到 30%”。

2016 年 2 月，印发《国务院关于深入推进新型城镇化建设的若干意见》，指出要“对大型公共建筑和政府投资的各类建筑全面执行绿色建筑标准和认证，积极推广应用绿色新型建材、装配式建筑和钢结构建筑”。

2016 年 8 月，国务院发布《“十三五”国家科技创新规划》，要求“加强装配式建筑设计理论、技术体系和施工方法研究。研究装配式混凝土结构、钢结构、木结构和混合结构技术体系、关键技术和通用化、标准化、模数化部品部件。研究装配式装修集成技术。构建装配式建筑的设计、施工、建造和检测评价技术及标准体系，开发耐久性好、本质安全、轻质高强的绿色建材”。

2016 年 9 月国务院办公厅印发了《关于大力发展装配式建筑的指导意见》，提出健全标准规范体系、创新装配式建筑设计、优化部品部件生产、提升装配施工水平、推进建筑全装修、推广绿色建材、推行工程总承包、确保工程质量安全 8 项重点任务。

2016 年 12 月，国务院发布《“十三五”节能减排综合工作方案》，要求“到 2020 年，城镇绿色建筑面积占新建建筑面积比重提高到 50%。实施绿色建材全产业链发展计划，推行绿色施工方式，推广节能绿色建材、装配式和钢结构建筑”。

2017 年 2 月，国务院办公厅发布《关于促进建筑业持续健康发展的意见》，要求“推广智能和装配式建筑。坚持标准化设计、工厂化生产、装配化施工、一体化装修、信息化管理、智能化应用，推动建造方式创新，不断提高装配式建筑在新建建筑中的比例，力争用10年左右的时间，使装配式建筑占新建建筑面积的比例达到30%”。

2017年2月，国家发展改革委、住房和城乡建设部印发《气候适应型城市建设试点工作的通知》，提出“积极应对热岛效应和城市内涝，发展被动式超低能耗绿色建筑，实施城市更新和老旧小区综合改造，加快装配式建筑的产业化推广”的要求。

2017年3月，住房和城乡建设部发布《“十三五”装配式建筑行动方案》，要求“到2020年，全国装配式建筑占新建建筑的比例达到15%以上，其中重点推进地区达到20%以上，积极推进地区达到15%以上，鼓励推进地区达到10%以上”，“到2020年，培育50个以上装配式建筑示范城市，200个以上装配式建筑产业基地，500个以上装配式建筑示范工程，建设30个以上装配式建筑科技创新基地，充分发挥示范引领和带动作用”。

2017年3月，《装配式建筑示范城市管理办法》指出“装配式建筑示范城市是指在装配式建筑发展过程中，具有较好的产业基础，并在装配式建筑发展目标、支持政策、技术标准、项目实施、发展机制等方面能够发挥示范引领作用，并按照本管理办法认定的城市”，“各地在制定实施相关优惠支持政策时，应向示范城市倾斜”。

2017年3月，《装配式建筑产业基地管理办法》提出“装配式建筑产业基地是指具有明确的发展目标、较好的产业基础、技术先进成熟、研发创新能力强、产业关联度大、注重装配式建筑相关人才培养培训、能够发挥示范引领和带动作用的装配式建筑相关企业，主要包括装配式建筑设计、部品部件生产、施工、装备制造、科技研发等企业”，“产业基地优先享受住房城乡建设部和所在地住房城乡建设主管部门的相关支持政策”。

2018 年 6 月，国务院印发《打赢蓝天保卫战三年行动计划》，要求“加强扬尘综合治理，严格施工扬尘监管。2018 年底前，各地建立施工工地管理清单，因地制宜稳步发展装配式建筑”。

2020 年 4 月，国务院发布《关于构建更加完善的要素市场化配置体制机制的意见》，要求“增强土地管理灵活性，深化农村宅基地制度改革试点，为乡村振兴和城乡融合发展提供土地要素保障”。

2020 年 8 月，住房和城乡建设部等部委联合发布《关于加快新型建筑工业化发展的若干意见》，提出“以新型建筑工业化带动建筑业全面转型升级”，加强系统化集成设计、优化构件和部品部件生产、推广精益化施工、加快信息技术融合发展、创新组织管理模式、强化科技支撑、加快专业人才培养、开展新型建筑工业化项目评价、加大政策扶持力度。

近年来，装配式建筑有较多的政策与标准推行。装配式建筑推进碳中和的两个主要环节是绿色建材和绿色施工。一方面，通过绿色建材，用新型绿色环保铝合金材料建造以及装修，延长建筑的使用寿命、提高建材回收利用率等，使建筑的建材回收率达

90%以上，从而达到减排效果。另一方面，绿色施工采用螺栓连接，现场施工无扬尘、无废水、无噪声、无建筑垃圾，最大限度地节约资源，减少对环境的负面影响。坚持以人为本，因地制宜，通过科学管理和技术进步，做到“四节一环保”，即节水、节能、节材、节地，既安全又环保。

（四）基于“顶层意见”建筑碳中和协同发展相关政策

2021 年 10 月，中共中央、国务院发布《关于完整准确全面贯彻新发展理念做好碳达峰碳中和工作的意见》，要求在建筑方面“加快优化建筑用能结构。深化可再生能源建筑应用，加快推动建筑用能电气化和低碳化。开展建筑屋顶光伏行动，大幅提高建筑采暖、生活热水、炊事等电气化普及率”，“大力发展节能低碳建筑……加快推进超低能耗、近零能耗、低碳建筑规模化发展……全面推广绿色低碳建材，推动建筑材料循环利用。发展绿色农房”。

2021 年 10 月，国务院印发《2030 年前碳达峰行动方案》，在建筑领域，要求推进城乡建设绿色低碳转型、加快提升建筑能效水平、加快优化建筑用能结构、推进农村建设和用能低碳转型等。

2021 年 12 月，国资委印发《关于推进中央企业高质量发展做好碳达峰碳中和工作的指导意见》的通知，明确了企业落实双碳的发展目标，并提出量化指标，同时从低碳转型、产业体系、能源体系、低碳技术和创新应用、管理机制五个方面提出了要求。

三、江西省建筑碳中和政策

（一）发展目标

根据《江西省“十三五”控制温室气体排放工作方案》与《江西省建筑节能与绿色建筑发展“十三五”规划》，江西省建筑碳中和的发展目标以建筑节能与绿色建筑的推广结合温室气体的排放，要求做到以下几个发展目标：

一是在建筑行业要求做到加快建筑行业结构的转型升级，贯彻双碳发展作为新常态下经济提升质量增强效用的重要动力。

二是在总体碳排放方面发展目标。到 2020 年，单位地区生产总值二氧化碳排放比 2015 年下降 19.5%，碳排放总量得到有效控制。氢氟碳化物、甲烷、氧化亚氮、全氟化碳、六氟化硫等非二氧化碳温室气体控排力度进一步加大。碳汇能力明显增强。支持低碳试点区域碳排放率先达到峰值，力争部分重化工业 2020 年左右实现率先达峰，能源体系、产业体系和消费领域低碳转型取得积极成效。碳排放权交易制度得到落实，统计核算、评价考核和责任追究制度得到健全，低碳试点示范不断深化，减污减碳协同作用进一步加强，公众低碳意识明显提升。

三是在绿色建筑与建筑节能方面发展目标。①新建建筑100%执行强制性节能标准，逐步提升能效水平。研究制定适合江西气候的能效标准，新建大型公共建筑及重点用能建筑全面建立用能监测系统。②大力推进绿色建筑发展，提高绿色建筑比例。到2020年，城镇绿色建筑占新建建筑的比例达到50%，所有新建城区均按绿色建筑集中示范区的要求进行规划、设计、施工、运行。③因地制宜推进既有建筑节能改造。总结“十二五”时期夏热冬冷地区既有居住节能改造经验，全省城镇既有居住建筑中节能建筑所占比例超过60%，鼓励结合农村危房改造工作推动农村节能示范住宅建设。④推进可再生能源合理应用。“十三五”时期，进一步推进太阳能光电、光热、地热能和空气源等可再生能源在建筑中的合理应用，使得城市可再生能源利用比达到6%以上。⑤大力推进建筑产业化，实现绿色施工转型。发展建筑装配式设计施工，到2020年培育建设5家以上国家级装配式建筑产业基地，培育建设10家以上省级装配式建筑产业基地。到2020年末，全省采用装配式施工的建筑占同期新建建筑的比例达到30%以上。其中，政府投资项目及保障性安居工程采用装配式施工比例达到50%以上。⑥提高建材推广应用。促进绿色建材和绿色建筑产业融合发展。到2020年，绿色建材在新建建筑中应用比例达到40%。

主要目标的落实可以从以下几方面开展：

一是构建绿色经济体系。贯彻落实国家和江西“十四五”规划纲要中绿色经济、低碳经济发展理念和相关发展目标，并将这些目标切实落实到经济社会发展的方方面面；以节能环保、清洁生产和清洁能源为重点，做好农业、制造业、服务业、信息技术等产业的融合，全面带动一、二、三产业和基础设施的绿色升级；推动龙头企业科学布局低碳零碳产业链，引导低碳技术发展和基础设施投资，创造新的经济增长点和新增就业机会。

二是建设低碳高效的能源体系。把节能和控制能源消费增长放在突出位置上，推动能源资源高效配置、高效利用；提高可再生能源使用的比重，加速发展太阳能、风能，推进煤电的节能改造，并大力发展储电、储热等设备；健全消纳的长效机制，促进可再生能源和化石能源互补、融合发展；以数字化、智能化推动能源系统加快智能低碳升级，完善能源产供储销体系，促进江西省能源系统产业链低碳转型。

三是积极发展低碳技术。加快低碳、脱碳技术的研发、推广和新技术储备，促进低碳技术、低碳企业优先发展；深入推进工业、建筑、交通、公共机构等关键行业的节能改造，做好重点能源企业的节能技术改造和能源管理能力提升；提升太阳能发电和风力发电稳定性，开展碳捕捉、碳储存等重要技术创新；发展循环经济，提高碳的利用率，使高碳工业的上下游产业链向低碳转变，使高耗能、高排放的工业向绿色、低碳转变。

四是探索碳价格和交易机制。协同推进碳市场建设，抓住碳交易作为碳中和的关键，创新碳交易模式，充分利用江西省森林、湿地等丰富的资源实现碳汇交易；健全应对气候变化统计核算体系，探索适合区域碳交易的市场模式，建设服务全国的区域性低碳经济交易平台；发挥碳交易在生态价值转换、绿色金融等方面的作用，推动江西绿色低碳经济高质量发展。

五是构建低碳生活方式。发挥政府的引导作用，创新干部考核制度，充分考虑碳减排、能源安全、环境保护的协同效应，实施节能减排目标责任制；倡导理性、健康、绿色的生活方式，引导人们逐步形成低碳消费观念、养成低碳消费习惯，为绿色低碳发展营造良好的社会氛围。

（二）相关政策

2019 年 11 月，《江西省民用建筑节能和推进绿色建筑发展办法》（2019 年修正）结合江西省的实际情况，提出以县级为单位开展省内的民用建筑节能与绿色建筑发展工作。其中，对监理单位的建设、设计、施工等过程分别提出了相应的规定，对于房地产开发企业在销售时各类绿色指标等标准作出说明。同时，对农民住宅自建房也大力提倡绿色建筑。并为促进绿色建筑发展和加强民用建筑节能管理提供一定的保障与激励措施。

2020 年 3 月，江西省住房和城乡建设厅发布了《关于加强绿色建筑工程质量监管的通知》，要求切实贯彻落实“适用、经济、绿色、美观”的建筑方针，做到全面实施《绿色建筑评价标准》，强化绿色建筑工程项目参建各方质量责任，加强绿色建筑工程验收工作，加强绿色建筑工程质量监管等。

2020年12月，江西省住房和城乡建设厅联合省发改委、省工信厅、省教育厅等7个部门发布了《江西省绿色建筑创建行动实施方案》，提出了推进住宅全装修竣工交房、改善健康性能、提高建筑节能水平、建立绿色住宅用户监管机制等一系列重要工作，并提出到2022年全省城镇规划区新建建筑全面实行《绿色建筑评价标准》。将绿色施工项目的施工质量验收纳入建筑节能部门的专项验收中，并将其作为工程建设强制性内容，对施工单位、设计、监理、施工等各方面的责任主体进行明确的规定。

2021年6月，住房和城乡建设部等15部门联合印发《关于加强县城绿色低碳建设的意见》，深入地阐述了加强县城绿色低碳建设的重要意义，对于加强县城绿色低碳建设提出了明确的要求，包括严守县城建设安全底线，控制县城建设的密度与强度，限制县城民用建筑的高度，县城建设要与自然环境相协调，大力发展绿色建筑和建筑节能，建设绿色节约型基础设施，加强县城历史文化保护传承，建设绿色低碳交通系统，营造人性化公共环境，推行以街区为单元的统筹建设方式。在开展绿色低碳建设过程中，还要结合江西特色因地制宜进行组织与实施。

2021年11月，《江西省人民代表大会常务委员会关于支持和保障碳达峰碳中和工作 促进江西绿色转型发展的决定》指出，处理好发展与减排、整体与局部、短期与中长期的关系，保障经济社会的平稳健康运行，确保安全降碳。坚持节约优先，实行政府和市场两手发力，推动产业结构、能源结构、交通运输结构、用地结构调整和节能、减污、减排协同增效，加快形成节约资源和保护环境的产业结构、生产方式、生活方式、空间格局，争取每年取得若干重要的阶段性成效，确保如期实现碳达峰、碳中和，力争在碳达峰质量上走在全国前列。同时以县级为单位将建筑碳中和融入经济社会发展中长期规划，在推进建筑行业发展的同时实现逐步脱碳，对于住房和城乡建设进行统筹安排，要求加强对建筑行业碳中和的跟踪评估与定期检查，以及群众举报与监督的机制。提升城乡建设绿色低碳发展质量。在城乡规划建设管理的各环节全面落实绿色低碳要求，推进城乡建设和管理模式低碳转型。规划建设城市生态和通风廊道，提升城市绿化水平。大力发展节能低碳建筑，全面推广绿色低碳建材，推动建筑材料循环利用。推进既有建筑节能改造，试点建设和推广绿色农房。提高新建建筑节能标准，建立和实施绿色建筑标识制度。

2021 年 12 月，江西省生态环境厅发布《江西省“十四五”生态环境保护规划》，明确提出控制建筑领域二氧化碳排放的要求，“到 2025 年，城镇新建建筑中绿色建筑面积占比达到 100%，新建建筑全部实施 65%的节能标准，稳步推进被动式超低能耗建筑。鼓励建筑屋顶应用光伏技术。逐步开展城镇既有建筑和基础设施节能改造。实施工程建设全过程绿色低碳建造，大力推广绿色建材，鼓励使用装配式建筑”。

江西省对于建筑业碳中和的专门政策发布较少，主要是通过绿色建筑、建筑行业转型等政策的发布来推进建筑碳中和的发展。对于碳中和领域，建筑行业的各个环节的排放职责要求不明确，因此在未来，江西省需要制定建筑业碳中和的专门政策来推进整体碳中和的实现。

四、其他省份建筑碳中和政策

（一）北京市

2022 年 3 月，北京市住房和城乡建设委员会印发的《北京市“十四五”时期住房和城乡建设科技发展规划》指出，“为促进首都建设绿色、环保、可持续发展，实现建筑领域碳排放增减平衡、稳中有降的目标，大力开展建筑节能和建筑碳中和关键技术攻关，通过试点示范形成适用于京津冀地理和气候特点的绿色、低碳、低能耗技术路径及推广经验”。

（二）天津市

自2021年6月起，天津市绿色建筑标识评价工作由委托第三方机构评价、住建行政管理部门授牌的工作模式转变为住建系统直接认定并授牌。天津市住房和城乡建设委员会提出加强业务培训、完善沟通联络渠道、明确推动措施三个工作要求，为天津市碳达峰、碳中和工作做出贡献。为了进一步组织推动“双碳”工作，天津市住房和城乡建设委员会绿色建筑促进发展中心高度重视，多措并举，组织召开“双碳”工作推动会，建立“双碳”工作机制，研究制定“双碳”工作方案，以推动绿色建筑高质量发展为重要抓手，进而实现“双碳”目标的落地生根。

（三）上海市

2022年1月，上海市住房和城乡建设管理委员会发布《关于开展2021年推进建筑绿色发展工作评价考核的通知》，将政策和制度体系、绿色建筑和建筑节能推进情况、装配式建筑推进情况、建材使用监管和建筑废弃混凝土资源化利用推进情况以及其他相关工作情况纳入评价考核内容。

（四）重庆市

2022年2月，重庆市人民政府办公厅和四川省人民政府办公厅联合印发《成渝地区双城经济圈碳达峰碳中和联合行动方案》，提出“在城乡规划建设管理各环节全面落实绿色低碳要求，实施工程建设全过程绿色建造，大力发展装配式建筑，重点发展钢结构装配式住宅。推进绿色社区建设。推进城镇既有建筑和市政基础设施节能改造，全面推广绿色低碳建材，发展绿色农房”。

（五）广东省

2021 年 12 月，广东省住房和城乡建设厅印发《广东省建筑业“十四五”发展规划》，提出“要实施建筑业碳达峰计划，贯彻落实国家应对气候变化策略，按照国家要求启动建筑行业碳达峰行动，研究制定广东省建筑碳排放达峰行动方案。出台建筑活动碳排放清单编制指南，完善建筑碳排放控制标准、技术及产业支撑体系。推动有条件的城市优先开展城市新区、产业园区、建筑群等整体参与的电力需求响应试点，培育智慧用能新模式，实现建筑用能端与电网供给端的智慧响应。加强建筑领域节能改造，推广利用屋顶光伏发电、房屋隔热等技术，进一步提高广东省新建建筑节能标准。建立健全散装水泥、新型墙材、绿色建材工作管理体制机制，推动佛山市开展国家政府采购支持绿色建材推广试点，建立健全绿色建材采信机制。在绿色建筑、装配式建筑等政府投资工程中率先采用绿色建材，提升城镇新建建筑中绿色建材应用比例。加强非道路移动机械污染防治，深入推进建筑领域施工过程的绿色低碳转型。实施重大节能低碳技术产业化示范工程，开展近零能耗建筑等项目示范，逐步实现碳达峰、碳中和”。

（六）湖南省

2021 年 7 月，《湖南省绿色建筑发展条例》审议通过，规定了绿色建筑、装配式建筑、绿色建造、可再生能源建筑的实施范围。县级以上人民政府自然资源主管部门应将绿色建筑发展规划中空间布局方面的内容纳入国土空间规划，并在项目建设用地规划设计条件中明确绿色建筑等级、装配式建筑标准、绿色建造要求和技术指标。

（七）海南省

2021 年 6 月，海南省住房和城乡建设厅印发的《海南省绿色建筑（装配式建筑）“十四五”规划（2021–2025）》，将发展目标定为“加快建筑业转型升级，推进国家生态文明试验区、清洁能源岛建设，走海南特色的新型城镇化道路。大力推广装配式建筑，打造装配式建筑全产业链集群发展业态，合理布局全省构件产能，确保区域产能供需平衡；提高高星级绿色建筑占比，推动绿色低碳城区建设，推广绿色建材应用，既有建筑绿色化改造有序推进，绿色施工深入践行；建筑节能水平不断突破，新建建筑能效水平不断降低，超低能耗建筑实现示范应用，清洁能源应用比例不断提高；建筑信息化高效实施，智能建造模式稳步推进。推动建筑业高质量发展，助力建筑业实现碳达峰碳中和战略目标”。

五、相关规范标准

（一）绿色建筑认定标准

《绿色建筑评价标准》（GB/T 50378-2014）、《海绵城市建设评价标准》（GB 51345-2018）等多项标准要求为适应中国经济向高质量发展转变的新需要，坚持高水平的建设和工程建设高质量发展。

“新国标”重新定义了绿色建筑：在全寿命周期内，节约资源、保护环境、减少污染，为人们提供健康、适用、高效的使用空间，最大限度地实现人与自然和谐共生的高质量建筑。此外，还就重新设定评价阶段、新增绿色建筑等级、分层设置等级要求、优化计分评价方式、扩展绿色建筑内涵等方面进行了修改与完善。

2019 年颁布的《近零能耗建筑技术标准》（GB/T 51350-2019）要求建立符合中国国情的技术体系，提出中国解决方案。该标准的实施将推动建筑节能减排，提升建筑室内环境水平，调整建筑能源消费结构，促进建筑节能产业转型升级，推动可再生能源建筑应用，引导建筑逐步实现近零能耗。

2021 年出台的《绿色建筑标识管理办法》规范绿色建筑标识，这种信息标识，代表了绿色建筑的星级，包含了标牌和证书。绿色建筑标志由住房和城乡建设部统一式样，证书由授予部门制作，标牌由申请单位根据不同应用场景按照制作指南自行制作。该办法对绿色建筑的标识进行了规范，推动绿色建筑高质量发展。

2021 年 5 月发布的《超低能耗建筑评价标准》（T/CSUS 15-2021）要求贯彻国家节约能源、减少二氧化碳排放的政策，规范超低能耗建筑评价，推进可持续发展，满足人民对美好生活的向往。

（二）建筑碳排放标准

2021 年 9 月，住房和城乡建设部发布的《建筑节能与可再生能源利用通用规范》（GB 55015-2021）为国家标准，要求自 2022 年 4 月 1 日起实施，该规范为强制性工程建设规范，全部条文必须严格执行。

要求新建、扩建和改建建筑以及既有建筑节能改造工程的建筑节能与可再生能源建筑应用，系统的设计、施工、验收及运行管理必须执行该规范。

对新建建筑的节能设计作出更高的要求规范，要求提高民用建筑与公共建筑的能效水平。新增工业建筑的节能指标在原有的

《工业建筑节能设计统一标准》（GB 51245-2017）基础上新增加增温供暖空调系统等建筑节能设计指标，拓展适用范围，要求暖通空调系统的效率和照明等节能标准全面提升。

在此前建筑相关的碳排放标准更多的是建议或者推荐采用，此次对于碳排放的强度有明确的强制标准，要求平均降低 7 吨/（平方米·天）。对于新建的、扩建的、改建的建筑项目需有项目的可行性研究报告、建设方案和初步的设计文件，还需要有建筑能耗、可再生能源利用及建筑碳排放的分析报告。此标准还对一些原有的建筑标准条例进行了废止或修改。

该标准贯彻了改革和完善工程建设标准体系精神，对提升建筑品质、促进建筑行业高质量发展和绿色发展具有重要作用。突出了技术法规性质，从新建建筑节能设计、既有建筑节能、可再生能源利用三个方面明确了设计、施工、调试、验收、运行管理的强制性指标及基本要求。另外，内容架构、要素构成、主要技术指标等与发达国家相关技术法规和标准接轨，总体上达到国际先进水平。

第二章
建筑碳中和发展现状

一、建筑产业碳排放现状

（一）全球建筑产业碳排放现状

由伦敦大学学院（UCL）的 Ian Hamilton 和欧洲建筑性能研究所（BPIE）的 Oliver Rap 为建筑联盟（GlobalABC）共同编制的《2020 全球建筑现状报告》指出，2020 年新型冠状病毒感染在全球的大流行影响了人们的生活与生计，出现了诸多的住房危机与经济危机等，2019 年的全球建筑部门的能源消耗总量保持在

2018年的相同水平，但是在二氧化碳排放量方面却达到了最高值。2019年全球建筑部门二氧化碳排放总量约为10亿吨，占全球能源相关的碳排放总量的28%。若加上建筑原材料的制造环节的排放，这一比例达到38%。2020年，建筑业占全球终端能源消费量的36%，占与能源相关二氧化碳排放量的37%。其中，住宅直接碳排放占6%，住宅间接碳排放占11%，非住宅直接碳排放占3%，非住宅间接碳排放占7%，建筑施工过程中的碳排放占10%。建筑部门的碳排放增加的原因是供暖和烹饪使用煤炭、石油、天然气等能源，加上电力密集型地区的活动水平较高，建筑行业用电占据了全球总用电量的55%，从而导致了建筑行业间接碳排放的不断增加。在全球所有国家建筑行业碳排放量中，亚太地区的建筑碳排放量总和占据了全球整个行业碳排放量总和的一半以上。世界资源研究所（WRI）的统计数据显示，2020年已经有53个国家实现碳达峰，预计到2030年将会有57个国家实现碳达峰。

（二）中国建筑产业碳排放现状

建筑产业碳排放最新的数据来自中国建筑节能协会建筑能耗统计专业委员会的《中国建筑能耗研究报告（2020）》中统计的2018年中国建筑全过程碳排放数据。

2018年，全国建筑全过程能耗总量达到21.47亿吨标准煤，占全国能源消耗总量的46.5%。其中，建材生产阶段能耗11亿吨标准煤，占全国能源消耗总量的46.8%；建筑施工阶段能耗0.47亿吨标准煤，占全国能源消耗总量的2.2%；建筑运行阶段能耗10亿吨标准煤，占全国能源消费总量的21.7%（见图2-1）。

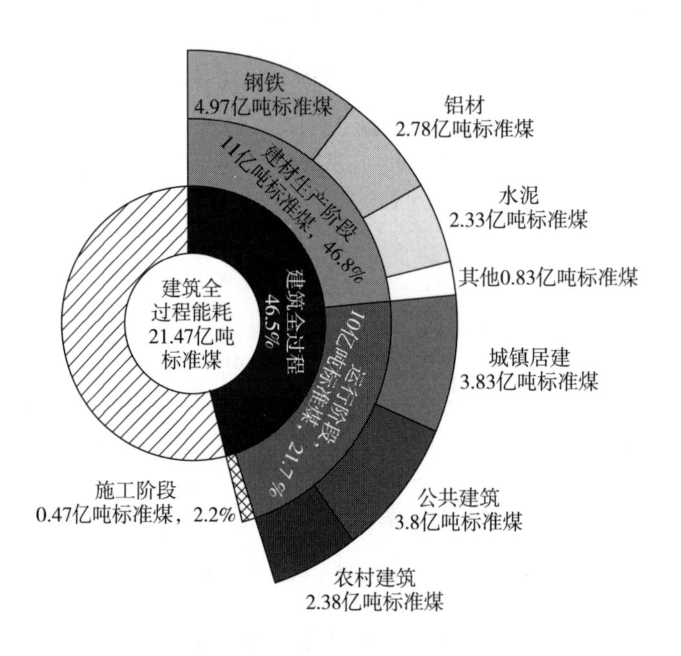

图2-1　2018年中国建筑全过程能耗及比重

资料来源：中国建筑节能协会建筑能耗统计专业委员会发布的《中国建筑能耗研究报告（2020）》。

2018年，全国建筑全过程碳排放总量为49.3亿吨二氧化碳，占全国碳排放总量的51.3%。其中，建材生产阶段碳排放27.2亿吨二氧化碳，占全国碳排放总量的28.3%；建材水泥碳排放量占比最高，达83%；建筑施工阶段碳排放1亿吨二氧化碳，占全国碳排放总量的1%；建筑运行阶段碳排放21.1亿吨二氧化碳，占全国碳排放总量的21.9%（见图2-2）。

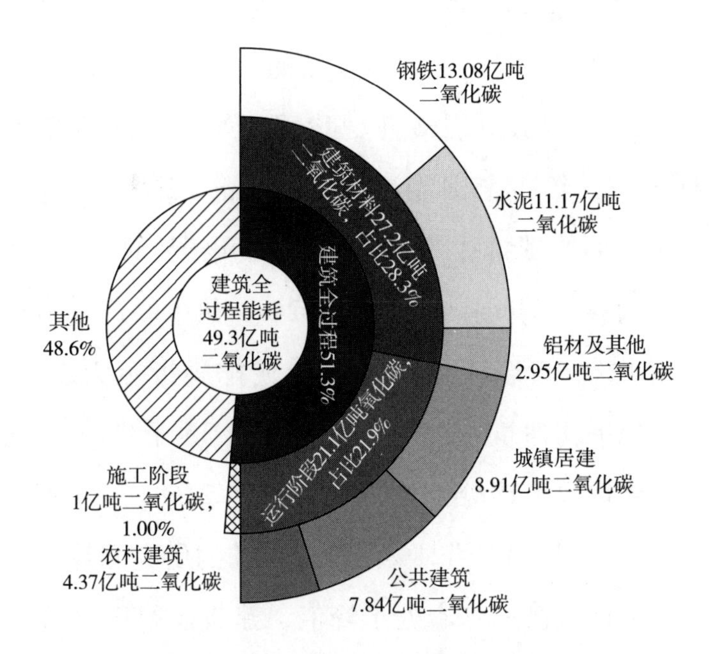

图 2-2　2018 年中国建筑全过程碳排放及比重

资料来源：中国建筑节能协会能耗统计专业委员会发布的《中国建筑能耗研究报告（2020）》。

建筑产业全过程碳排放可划分成三个方面来看：一是建筑直接碳排放，指建筑运行阶段直接消费化石能源带来的碳排放，主要从建筑炊事、热水和分散采暖等活动中产生。生态环保部发布的《省级二氧化碳排放达峰行动方案编制指南》就是按照此口径来划分行业碳排放边界。二是建筑间接碳排放，指建筑运行阶段消费的电力和热力，这两大二次能源带来的碳排放是建筑运行碳排放的主要来源。建筑直接碳排放与建筑间接碳排放相加即为建筑运行碳排放。三是建筑隐含碳排放，指建筑施工和建材生产带来的碳排放，也称建筑物化碳排放。

清华大学建筑节能研究中心发布的《中国建筑节能年度发展研究报告 2020》显示，2018 年，我国建筑运行的总商品能耗为 10 亿吨标准煤，约占全国能源消费总量的 22%，建筑运行的化石能源消耗相关的碳排放为 21 亿吨二氧化碳，其中直接碳排放占 50%，电力相关的间接碳排放占 42%，热电联产热力相关的间接碳排放占 8%。折合人均建筑运行碳排放指标为 1. 5 吨/cap，折合单位面积平均建筑运行碳排放指标为 35 千克/平方米。4 个用能分项的碳排放占比分别为：农村住宅 23%、公共建筑 30%、北方采暖 26%、城镇住宅 21%。经过有关的研究测算，我国的建筑物化阶段碳排放已经基本处于峰值，建筑运行碳排放仍然处于增长的趋势之中。有学者对于碳排放的各个阶段进行了情景模拟，推导出建筑运行碳排放在 2030 年可以实现碳达峰，峰值为 20. 08 亿吨二氧化碳，通过这一峰值可以推算出下一个五年内我国的建筑碳排放量应该控制在 25 亿吨二氧化碳。建筑的能耗总量应控制在 12 亿吨标准煤。建筑施工与建材生产阶段的碳排放则在 2014 年出现拐点，在 2014 年以后呈下降的趋势。建筑运行阶段的碳排放在总体上呈现上升趋势，但增长的速度已有明显的放缓。其中建筑直接碳排放已基本进入平台期，建筑电力碳排放维持着 7%的增速，热力碳排放增速约为 3. 5%。

综上可见，为实现我国 2030 年碳达峰与 2060 年碳中和的双碳目标的达成，加速建筑行业的碳减排至关重要，且刻不容缓。

二、江西省碳排放现状

（一）江西省碳排放现状

1. 江西省碳排放总量分析

江西省碳排放量总体变化趋势是在2000年以后增长速度逐渐加快，2011~2012年首次呈现持平状态，但2013年以后增速更快。1997~2017年全省的碳排放总体是逐渐上升的，且这一段时间碳排放的增长趋势在加快，如图2-3所示。

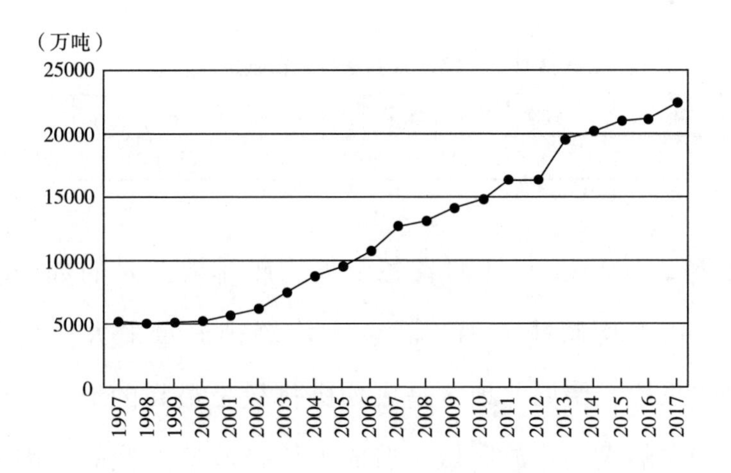

图2-3　1997~2017年江西省碳排放量情况

江西省的人均碳排放较低。据统计，2017 年江西省人均碳排放量 4.79 吨/人，低于全国人均水平。同时据欧洲有关机构的数据，欧盟的人均碳排放量为 7.5 吨/人，因此可以说，江西省的人均碳排放量远低于发达国家。同时考虑到江西省的经济因素，江西省单位 GDP 的碳排放量与其他省份相比也处于较低水平。

2. 江西省碳排放的空间特征分析

按照 2017 年碳排放总量从高到低对江西省的 11 个地级市进行排列，其中，处于前三位的分别是南昌、九江、宜春，碳排量分别为 3722.64 万吨、3133.11 万吨、2774.07 万吨，三者碳排放量都超过 2500 万吨，处于较高排放量区域。而赣州、新余、萍乡、上饶在 2017 年排放量都在 2500 万吨以下 1500 万吨以上，因此划分为中排放量区域。而吉安、抚州、景德镇、鹰潭的碳排量都低于 1500 万吨，划分为低排放量区域（见表 2-1）。

表 2-1　2017 年江西省各地市碳排放总量　　单位：万吨

地区	南昌	九江	宜春	赣州	新余	萍乡	上饶	吉安	抚州	景德镇	鹰潭
碳排放量	3722.64	3133.11	2774.07	2420.10	2376.29	2237.75	1850.96	1203.70	1182.74	1011.66	640.67

表 2-2 为 2017 年江西省各市人均碳排放总量的数据。对比江西省各市人均碳排放量，新余人均碳排放量最大，其次为萍乡。总体来说，赣西北地区是人均碳排放量最高的地区，赣北地区处于较大的人均排放区域。造成人均排放量高低的原因与各市的排放基数及人口规模相关。

表 2-2 2017 年江西省各市人均碳排放总量 单位：吨

地区	南昌	九江	宜春	赣州	新余	萍乡	上饶	吉安	抚州	景德镇	鹰潭
人均碳排	6.81	6.43	4.99	2.80	20.13	11.62	2.73	2.44	2.93	6.08	5.49

江西省碳排放量呈现出总体排放量较小、人均排放量与单位 GDP 排放量少、区域排放不均匀的特点。

3. 江西省碳排放预测分析

以上述数据为基准通过 BP-人工神经网络进一步对江西省碳排放量进行预测，本书使用反向传播（BP）方法作为学习算法，它在神经网络建模中是最成功的算法，且使用广泛。反向传播网络的主要机制是将输入通过各层向前传播至输出层，然后将误差通过网络从输出层传播回输入层，其学习目的是找到一组连接强度以使网络能够执行所需的计算，也正是由于它们的结构特征，神经网络可通过样本来进行学习训练以生成自身的学习规则，其较高的精度可逼近任意非线性函数。

基于神经网络的建模过程涉及五个主要方面：一是数据获取、分析和问题表示；二是架构确定；三是学习过程的确定；四是网络训练；五是测试训练有素的网络以进行泛化评估及预测。其具体步骤如下：

（1）前向传播，计算输入层到隐含层再到输出层的权重和。BP 神经元利用激活函数映射其输入，当神经元被激活时，新的输出等于神经元激活函数值：

$$B_j = f\left(\sum_{i=1}^{n} w_{ij} + b\right) \tag{2-1}$$

式中，f 为隐含层的激活函数，B_j 为隐含层的输出，w_{ij} 是输入层到隐含层节点的权重，激活函数 f 通常采用单极性 Sigmoid 函数：

$$f(x)=\frac{1}{1+e^{-x}} \tag{2-2}$$

（2）对网络进行训练，即输入层、隐藏层、输出层之间的权值的调整。在 BP 算法中，权值的调整量与输出相对于期望相应的误差能量对权值的偏微分大小成正比，符号相反，从而可对各个权值进行不断的修正。

$$\begin{aligned}\hat{w} &= w-\eta\delta = w+\eta\delta_i f(1-f)\times x \\ &= w+\eta\times\delta_i\frac{\partial f_i}{\partial e}\times x \quad x=1,\ 2,\ \cdots,\ n\end{aligned} \tag{2-3}$$

其中，η 为 BP 神经网络学习率，$\eta\in(0,\ 1)$；δ 为每一次迭代的误差值。

（3）应用 MATLAB R2018b 软件构建 BP 神经网络，设置隐藏神经元 5 个，输出层神经元 1 个；设置隐藏神经元节点的激活函数为 Logsig 函数，输出神经元的激活函数为 Purelin 函数；允许训练最大步数为 2000 步；训练目标的最小误差为 0.00001。在训练过程中，网络误差的变化情形如图 2-4 所示、训练结果如图 2-5 所示。

由图 2-4 可见，经过了 11 次迭代，网络达到了期望的误差目标。

（4）训练完毕后，将所有样本输入网络，然后定义检验向量，并将检验向量输入网络，查看输出值和输出误差，图 2-5 显

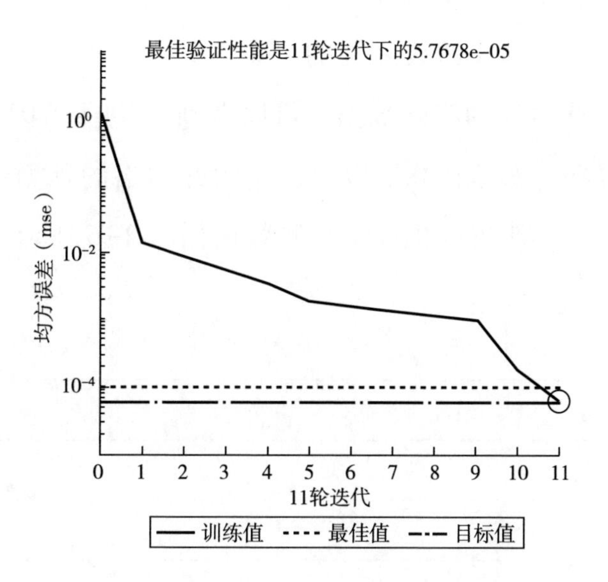

图 2-4 江西省碳排放 BP 神经网络误差分析

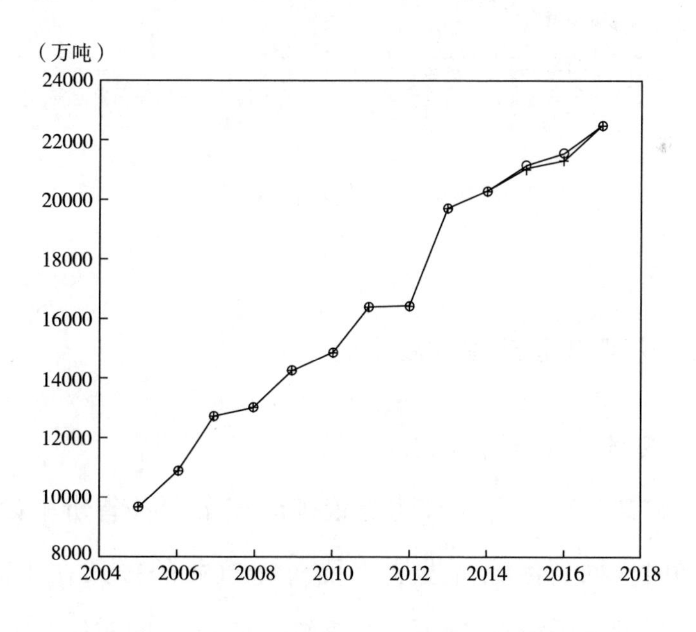

图 2-5 江西省碳排放 BP 神经网络训练结果

示了预测曲线与真实曲线之间的关系。其中“+”对应为实际数据，“o”曲线对应为实际数据。可以看到，2004~2018年，两条曲线符合很好，误差在0.1以内，说明此网络的预测精度仍然较高。最终得出江西省碳排放量预测数据如图2-6所示。

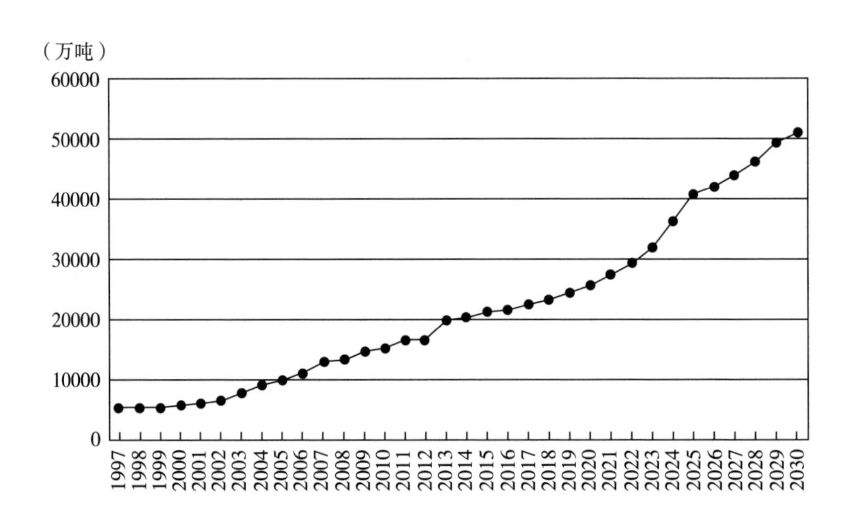

图2-6　江西省碳排放量预测

（二）江西省建筑碳排放现状

1. 江西省建筑碳排放测算

相关数据表明，江西省建筑碳排放在全国各省份中处于靠后位置，同时江西省因经济发展需要对建筑业的投入在不断增加，导致其建筑碳排放逐年上升。因建筑全生命周期年限较长，建筑碳排放数据统计有难度。

本书采用预估方法，根据江西省建筑行业的资源消耗与其资源相对应的碳排放因子和《建筑碳排放计算标准》（GB/T 51366-2019）进行估算。为方便计算，将建筑行业全生命周期划分为四个阶段，分别为建材生产阶段、建材运输阶段、建造及拆除阶段、建筑运行阶段。根据江西省统计年鉴数据，将江西省建筑行业 2003~2020 年所用资源进行分阶段的分类归纳，通过计算得到表 2-3 和图 2-7 的数据。其计算过程可参考第三章。

表 2-3　2003~2020 年江西省碳排放估算数据　　单位：万吨

年份	总碳排放量	建材生产阶段	建材运输阶段	建造及拆除阶段	建筑运行阶段
2003	13601.80	3236.43	1726.78	19.00	8619.59
2004	16792.59	4270.40	1847.78	20.80	10653.61
2005	19761.61	5188.71	1908.82	34.82	12629.26
2006	22199.46	6272.07	2208.30	61.66	13657.43
2007	24117.30	7345.16	2383.35	64.75	14324.04
2008	35626.90	7462.54	11669.38	78.79	16416.19
2009	39791.40	9057.33	12009.06	99.64	18625.37
2010	44639.98	9789.17	14404.48	116.44	20329.89
2011	51622.28	10937.21	16052.10	151.03	24481.94
2012	63398.02	11770.29	19668.30	158.92	31800.51
2013	72576.78	13550.34	21605.87	191.86	37228.71
2014	77862.12	14406.32	23379.83	201.09	39874.88
2015	81911.14	14009.47	22996.26	236.68	44668.73
2016	84762.72	14093.06	23934.16	248.80	46486.70
2017	86929.55	13449.85	26078.68	267.42	47133.60
2018	91234.09	13448.65	28480.46	313.39	48991.59
2019	84807.98	14659.60	23198.96	357.72	46591.70
2020	84114.39	15473.07	24696.27	353.25	43591.80

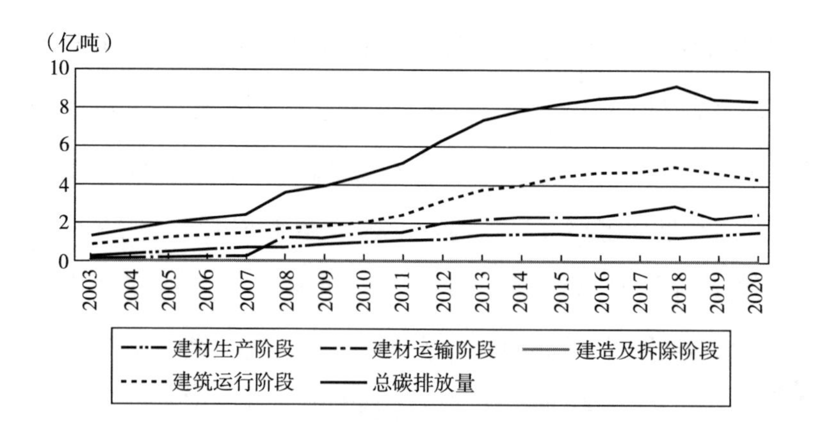

图 2-7 2003~2020 江西省碳排放估算

2. 江西省建筑碳排放预算

因2020年后受多重因素影响，数据波动较大，所以选取2019年及以前数据对江西省建筑碳排放进行预测。

同理，根据BP-人工神经网络原理，用MATLAB软件构建BP神经网络，设置隐藏神经元5个，输出层神经元1个；设置隐藏神经元节点的激活函数为Logsig函数，输出神经元的激活函数为Purelin函数；允许训练最大步数为2000步；训练目标的最小误差为0.00001。在训练过程中，网络误差的变化情形如图2-8所示、训练结果如图2-9所示。

由图2-8可见，经过了75次迭代，网络达到了期望的误差目标。

训练完毕后，将所有样本输入网络，然后定义检验向量，并将检验向量输入网络，查看输出值和输出误差，图2-9显示了预

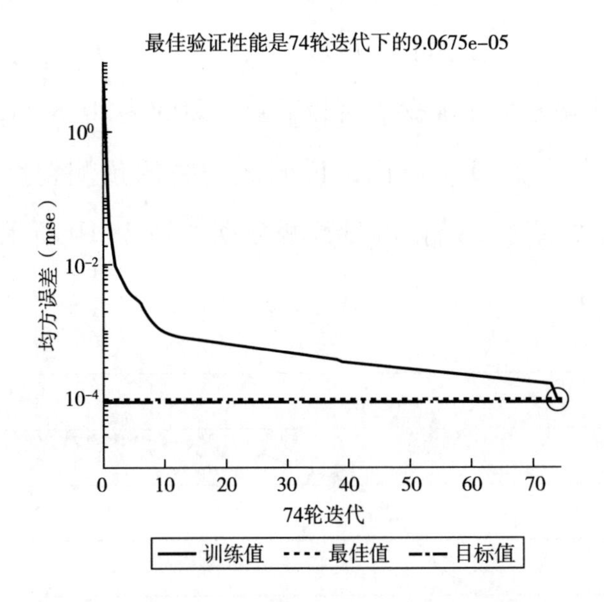

图 2-8　江西省建筑碳排放 BP 神经网络误差分析

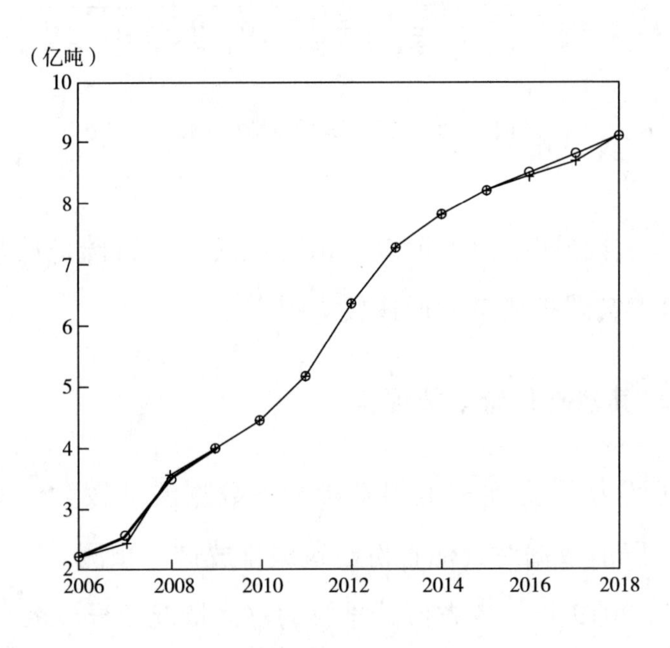

图 2-9　江西省建筑碳排放 BP 神经网络训练结果

测曲线与真实曲线之间的关系。其中“+”对应为实际数据，“o”曲线对应为实际数据。可以看到，2006~2018年，两条曲线符合很好，误差在0.1以内，说明此网络的预测精度仍然较高。最终得出江西省建筑碳排放量预测数据如图2-10所示。

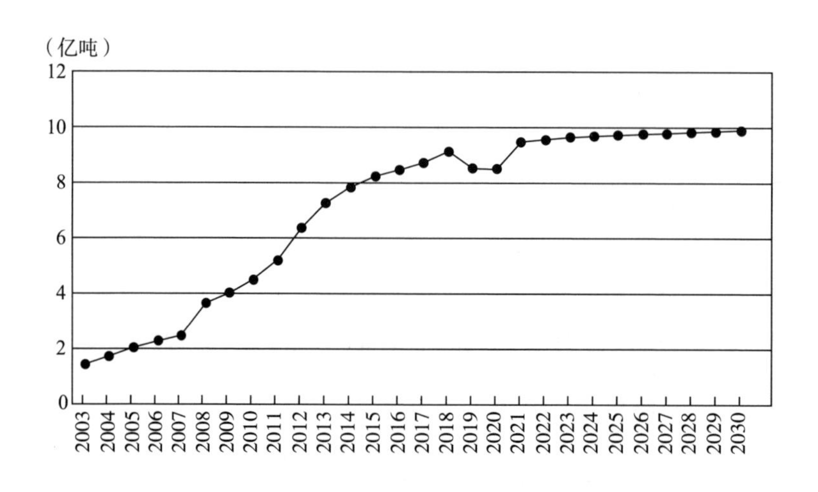

图2-10　江西省建筑碳排放量预测

经人工神经网络模拟可以看出，江西省建筑碳排放量在持续增加，但建筑碳排放量的增速较为缓慢。

（三）其他省份碳排放现状

因2020年后受到多重因素影响，数据波动较大，所以选取2019年及以前数据对其他省份建筑碳排放进行预测。

2005~2019年，各省份碳排放的整体情况差异较大。以2019年为例，中国碳排放总量最大的前5个省份分别为山东、河北、江苏、内蒙古、广东。

中国碳排放量总量最大的5个省份贡献了全国超过1/3（36.65%）的碳排放总量，而碳排放总量最小的5省仅占全国的5%。

各个省份的人均碳排放量也差距较大，碳排放量的人均排放在3.94~33.29吨；各省份的单位碳排放强度的变化差异较为明显，其中有省份出现了70%的降幅，但也有省份碳排放强度没有下降反而处于上升的状态。2005~2019年，30个省份中有10个省份人均碳排放量呈现下降的趋势，但宁夏、内蒙古、新疆、山西等省份呈现较大的上升趋势。

从8个重点省份（京、津、冀、苏、浙、沪、皖、粤）来看，排放总量前五位的省份一直是河北、江苏、广东、浙江、安徽。虽然浙江和江苏地理位置差异不大，但碳排放总量差距较大，浙江的碳排放总量仅仅是江苏的一半。除北京、上海、浙江外其他5个省份的人均碳排放都呈现上升的态势。

再从京津冀、长三角、粤港澳大湾区三大重点区域来看，在2020年前，长三角地区的转型成果最为显著。从碳排放强度来看，粤港澳大湾区排第一，其后是长三角地区、京津冀地区。但长三角地区的碳排放强度降幅是最高的，降幅达到19.65%；人均碳排放量的增长也是这三个区域中最小的，仅仅增长了3.06%。

综上所述，从中国碳排放总量、碳排放强度和人均碳排放量等相关指标来看，中国不同地区存在较大差异，各个省份的经济发展阶段、产业结构、能源结构、环境资源的禀赋和发展战略等是其碳排放影响的主要因素。

（四）其他省份建筑碳排放现状

根据中国建筑节能协会建筑能耗统计专业委员会的数据，省级的建筑碳排放差异主要受人口数量与分布、人口流动、建筑面积总量、农村城镇居住建筑与公共建筑面积比例、建筑电力碳排放等因素影响。因 2020 年后受多重因素影响，数据波动较大，所以选取 2019 年及以前的数据更具有代表性。《中国建筑能耗研究报告（2018 年）》显示，2016 年各省份城镇建筑排放总量相差较大。排名前三的山东、广东、河北，分别达到了 12799 万吨、11305 万吨、9077 万吨，而排名靠后的三个省份海南、青海、宁夏，分别仅有 793 万吨、1028 万吨、1049 万吨。海南的建筑碳排放总量仅仅是山东的 1/16。受人口、建筑面积、建筑电力等因素影响，各省份之间的建筑碳排放总量差异巨大。同时经过相关测算，南北地区受气候影响，导致建筑碳排放差异明显，北方有供暖需求的省份人均建筑碳排放平均值达 2. 66 吨，是无供暖需求地区平均值的 2 倍。

各省份的人均建筑碳排放也与人均 GDP 呈现相关的线性关系。分区域来看，北方采暖区域、夏热冬冷区域、南方区域碳排放强度各不相同。

综上所述，各省份之间的建筑碳排放受多因素影响，包括环境、人口、政策、经济发展等。因此，为实现建筑行业碳中和需全方位地考虑，结合自身省份的实际情况去采取有效的措施。

三、全球建筑碳交易市场现状

（一）国外建筑碳交易市场现状

国外建筑领域的碳交易形式主要分为两种：一种是基于项目的清洁发展机制（Clean Development Mechanism，CDM）交易；另一种是基于配额的区域性建筑碳交易。基于项目的 CDM 交易由于建筑领域节能存在项目周期较长、建筑单体减排量少、建筑碳排放量和基础数据较差等原因，使其具有较大的局限性，所以应用较少。基于配额的区域性建筑碳交易以日本东京都总量控制作为代表。它是全球第一个将建筑领域纳入到碳交易中，并且以城市为单位来进行总量控制的交易。交易对象为年消耗燃料、热和电力至少为 1500 千升原油当量的大型建筑或者工厂，共 1400 个，其中建筑设施占了 1100 个。日本东京都总量控制交易的配额分配实行祖父式分配方法，基准年为设施前 3 年实际排放的平均值。目前，建筑行业碳交易处于碳排放量巨大的时期，建筑行业规模不断扩大，导致了更多的能源消耗以及温室气体的排放。因此，在国际上推广应用基于配额的区域性建筑碳交易模式具有一定的可行性。

发达国家的建筑碳排放权交易已经形成了先进的经验，可以为发展中国家建筑业的碳市场排放权交易提供借鉴。同时，建筑的固有及不可移动性为发展建筑行业的碳排放权交易提供了基础。但是仍存在不足，需要改进，如国外建筑行业的碳交易企业参与的积极性不高，建筑类型偏向于多样化，碳排放的基准难以确定，建筑碳排放权交易基础较为薄弱，且缺乏相应的专业人才。如今全球建筑减排的责任重大，市场机制无法充分地发挥其作用，建筑碳排放权交易没有形成统一的定价，碳信用的评价机制仍未完善，要将国际碳排放权交易推向更好的发展较为困难。

（二）我国建筑碳交易市场现状

中国碳排放权交易的发展晚于欧盟、日本等发达国家，但是政府各级部门一直在积极地推动碳排放权市场的建立，早在“十二五”规划纲要中就做出了相应的部署。2010 年国务院首次提出建立并完善主要污染物与碳排放交易的制度；2011 年，推进北京、上海、天津、重庆、湖北、广东、深圳开展碳交易试点工作；2017 年，启动全国碳排放权交易市场，力争到

2020年建成制度完善、交易活跃、监管严格、公开透明的全国碳排放权交易市场。我国建筑领域的碳排放权交易市场也在不断发展。

我国建筑领域碳排放权交易市场主要有天津市与深圳市两种模式。天津建筑碳排放权交易于2010年正式启动，是首个自主开发的碳交易体系。天津碳交易排放权市场分为强制类交易市场与激励类交易市场。其中强制类交易市场的主体主要包括耗能较高的供热企业与公共建筑等，激励类交易市场是自愿参加减排交易而没有强制节能减排要求的主体市场。深圳市建筑碳排放权交易则对公共建筑交易作出了强制性的要求，在制度与整个交易流程方面出台了一系列的政策，建立了较为完善的碳排放管理系统，碳排放权交易分步骤地实施，对碳排放权交易体系中的建筑进行了分类，将天然气、电力等纳入建筑能耗的范围。深圳与天津建筑碳排放权交易模式的建立，为我国建筑碳排放权交易奠定了基础条件，也给其他省份提供了可参考的样本。

虽然有深圳、天津较早开始探索建筑碳排放权交易市场，但是由于建筑碳排放的特殊性，建筑的交易主体数量较多但却较为分散，单体的建筑交易量有限、交易的成本较高。同时对于碳排放量较小的小型建筑，如居民楼，其碳排放量的统计核算以及第三方核定费用等成本较高，以市场机制推动建筑碳排放权交易的效益有限。即便对于高碳排放公共建筑，全国统一的碳核算、确权难度也很大。建筑的能源利用和碳排放主要集中在需求侧。不同区域具有不同的气候特点、不同的建筑风格，不同类型的建筑具有不同的属性、供能方式，其建筑业主也具有不同的用能方式。因此，很难对不同区域、不同类型的建筑划定碳排放量的基准值，来确定碳排放权；并且全国的碳交易市场的总体设计中并没有完全覆盖整个建筑行业。

中国建筑碳排放权交易市场运营时间较短，各方面不完善，成熟度较差。与发达国家相比，中国的建筑碳排放权交易市场发展滞后，没有形成统一的市场规范，交易效率低，离建筑碳排放权交易产业化、市场化还有较大距离，无法融入国际市场。

（三）江西省建筑碳交易市场现状

江西省碳排放权交易最早可追溯到 2007 年，位于南昌市麦园的垃圾填埋气发电工程，通过沼气碳项目进行预售产生的无形价值。该工程属于清洁发展机制，被联合国气候框架公约执行理事正式批准注册，并从 2009 年 11 月 30 日开始计算减排量，年减排二氧化碳量约 12 万吨，依靠卖沼气碳 1 年可赚取近百万欧元，是江西第一个在联合国注册的填埋气 CDM 项目。

2012 年，国家发展改革委将赣州等 36 个城市列为国家第二批低碳试点城市，2013 年 1 月，江西省首家环境权益类交易所——赣州环境能源交易所挂牌运营。该交易所在挂牌当日即完成了第一笔碳排放权交易，是赣州一家稀土企业以 8 万元向一家水电站购买 1600 吨碳排放权。

2013年5月，新余市正式启动碳排放权交易平台建设，这是江西省首个强制性碳排放交易市场。政府向重点排放企业分配排放指标，如企业排放指标不够，则需到交易平台进行购买，以完成减排任务；如企业排放指标有剩余，则可在交易平台进行出售。新余市希望通过此举措推动企业加快转型升级，实现绿色低碳发展。

2016年，江西省发展改革委制定了《江西省落实全国碳排放权交易市场建设工作实施方案》，随后，江西省机构编制委员会办公室批复同意江西省产权交易所增挂“江西省碳排放权交易中心”牌，该交易中心致力于打造成为专业化、市场化、金融化的碳排放权交易及服务平台，协助制定更加完善的碳排放权交易政策和目标，为江西省控排企业提供碳排放权交易、履约、融资、碳资产管理和咨询等服务，拓宽企业绿色投融资渠道。

2018年，江西省发展改革委印发《江西省2018年应对气候变化工作要点》，指出江西省将继续加强碳排放权交易市场建设工作，确保江西省顺利启动并进入全国碳交易市场。

目前，江西省共有45家发电行业重点排放单位纳入全国碳市场交易，为保障全国碳市场第一个履约周期在江西顺利运行，前期准备工作如下：一是高质量完成发电行业重点排放单位2019~2020年碳排放核查工作；二是率先完成全国碳市场第一个履约周期碳排放配额核定和发放工作，正式下发履约通知书，开启履约工作模式；三是指导发电行业重点企业在全国碳排放权注册登记系统与交易系统完成开户；四是建立碳市场排放数据质量管理长效机制，组建全国碳排放权交易市场数据质量监督管理和碳排放配额清缴工作专班。

下一步，江西省将组织做好发电行业重点排放单位碳排放配额清缴工作，重点督促指导碳排放配额存在缺口的重点排放单位尽早做好清缴相关工作，力争继续在完成履约工作方面走在全国前列。

2021 年 11 月，江西省率先完成全国碳排放权交易市场第一个履约周期碳排放配额和履约通知书发放工作。全国碳市场于 2021 年 7 月 16 日正式启动上线交易，开启了全国碳市场第一个履约期，市场首批纳入 2162 家发电行业重点排放单位，覆盖了约 45 亿吨二氧化碳排放量，成为全球规模最大的碳市场。

2021 年 12 月，江西省公共资源交易集团与上海环境能源交易所签署协议，共建全国碳市场能力建设（上海）中心江西分中心。该中心的建立有利于充分发挥平台专业服务功能，将碳市场建设的“上海经验”引入江西，提高江西省企业、园区、管理部门等主体的碳管理能力；同时，借助上海金融中心的优势，推动江西省绿色金融服务与产品发展，构建服务地方双碳目标、服务企业绿色发展的碳管理体系，加快融入全国碳市场的步伐。

四、双碳背景下江西省建筑业面临的机遇与挑战

（一）资源回收利用是“双碳”的重要抓手

随着江西省城市化进程的快速推进，省内各个地区的建筑数量在不断增多，建筑行业规模也在不断扩大，建筑行业建筑垃圾的产生量因此逐渐增长。在双碳背景下建筑垃圾的处理是全国所聚焦的关键问题，而处理建筑废物将是江西省建筑业发展过程中所面临的重要机遇。

建筑行业的资源回收并没有形成完整的产业链，江西省应将资源回收作为促进双碳的重要抓手，用整合建筑资源的方式，将建筑行业各个环节所产生的建筑废物尽可能地做到循环利用，利用原有的建筑废物资源将会是建筑碳排放减少的重要环节。

通过调查，江西省的建筑资源回收利用主要存在以下问题：一是对于建筑废物的回收利用无法规引导且投入较少。二是对建筑废物的分类水平不高，导致难以进行集中利用，从而使资源化的难度增加。江西省的建筑垃圾分拣智能化手段有限，依靠人工

较多，导致了大部分可以利用的资源无法正常利用。三是对于建筑垃圾的处理手段单一、技术较为落后，处理设备与新兴技术缺乏且发展缓慢。大量的建筑废物只是进行简单的填埋处理或者焚烧处理，不仅造成了土地的污染，还会破坏原有的土壤结构，在降解的过程中也会产生较大的碳排放。

对于如何将建筑废物进行资源回收作为双碳目标的重要抓手，本书建议：一是结合江西省的实际情况，借鉴国外建筑废物资源回收的形式与手段，在双碳背景下创造出属于江西的特色方案。建议政府部门在政策上给予扶持，制定江西省建筑废料回收的规定及相应的法规，加大力度推进江西省利用资源回收助力双碳的整个进程。二是江西省应尽早出台相应的规范，鼓励相关企业在建筑设计建造、回收阶段予以遵循，在考虑建筑材料低碳的同时将是否好回收重新利用考虑进去，在建造时尽可能地避免采用多种复合材料给日后回收分拣等带来不便。三是联合高校、科研院所对于回收分拣技术、回收建筑垃圾的设备等进行立项研究，引进建筑垃圾回收资源领域的人才等。四是建筑行业的建筑垃圾在建筑的建材制造、运输、施工维护等环节都会产生，江西省可以将建筑资源的回收结合自身的实际情况，以政府为主导，与民营企业和研究机构等相结合，制定绿色供应链，将各个环节产生的废物予以高效的循环利用。建筑废物的回收对于建筑碳中和意义重大，江西省应将资源回收作为重要的抓手，将江西省的建筑碳中和放在重要位置。

（二）建筑业领域将向系统节能迈进

为响应双碳目标，改变建筑业耗损大、排放高的现状，全国各地建筑业都向着建筑系统节能低碳化的趋势迈进。江西省发展系统节能低碳化的着力点在于发展装配式建筑、绿色建筑与超低能耗建筑。

上述三种建筑方式是建筑行业乃至整个碳中和目标的破局的支点，让建筑业向着系统节能的方向迈进，应依托装配式建筑、绿色建筑与超低能耗建筑实现系统节能低碳化，在借鉴其他省份经验的同时也要走出江西省的特色道路。

首先，据调查显示，江西省并未梳理出装配式建筑、绿色建筑与超低能耗建筑的发展历程与发展现状，所以需要将江西省所处的大环境进行明确的标识，以便于未来能够借鉴国外或国内发展较好省份的经验。

其次，江西省无论是装配式建筑发展、绿色建筑发展还是超低能耗建筑发展在全国都处于较为落后的位置。政府应加大力度发挥主导作用，统筹省内高校、科研院所加大合作力度，积极致力于江西省建筑业系统节能低碳化的发展，投入更多的精力以专业知识为依托加大对三种建筑方式的研究，同时培育出更多的专业人才。

江西省装配式建筑有着较为完善的标准规范与体系，但是绿色建筑与超低能耗建筑的标准规范与体系却有所缺失，需要加强绿色建筑与超低能耗建筑的标准以及规范的完善力度，形成江西省独有的一套体系。

装配式建筑、绿色建筑和超低能耗建筑是世界上的主流建筑模式，在双碳要求下，江西省需要努力跟上主流目标。在设计的理念、材料、法规与制作的工艺上要全面发展，构筑完整体系。抓住双碳机遇，将建筑节能向系统化迈进，达成既定目标。

（三）建筑高端装备制造业市场需求增加

中国是建筑大国，有全世界最大的建筑市场，2019 年的建筑业总产值达到了 248445.77 亿元，2020 年建筑业总产值占我国 GDP 的 26%。然而，中国建筑业高端装备市场需求缺口巨大，其市场需求增加将是江西省建筑业发展重要的机遇。建筑高端装备制造业主要分为建筑机器人、电气化施工设备、建筑设备三大板块。

调查显示，我国建筑机器人行业市场规模在稳步增长，如图 2-11 所示。

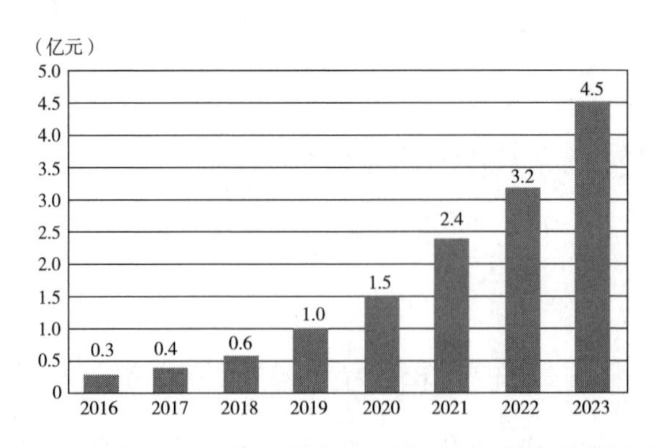

图 2-11　2016~2023 年中国建筑机器人市场销售份额及预测

2018 年，全球建筑机器人的市场规模已经达到了 2.44 亿美元，预测在 2025 年将达到 3.8 亿美元。我国建筑机器人专利申请数量在不断增加，2019 年，专利申请数量高达 63 项，较上年增加 39 项。随着 VR 技术与 AI 技术的发展和应用软件的完善，建筑机器人将会迎来更加迅猛的发展。江西省应加大研发与投入，以 VR 交互技术带动建筑机器人中的视觉技术的发展，从软件到硬件逐步占据建筑机器人发展的市场份额。还应引进更多专业人才，结合江西省 VR 发展的特色努力攻克人机交互与视觉系统等难点。同时，政府应制定相应的行业标准，并给予一定的政策倾斜，将建筑机器人打造成属于江西省建筑行业的特色招牌，抓住建筑装备市场的发展机遇推动建筑市场的发展。

我国建筑行业增速较快，建筑智能化工程市场规模发展也较快。据预测，2023 年，我国建筑智能化市场规模将达到 12276 亿元。建筑电气化与电力部门的脱碳是建筑运行阶段中最重要的环节，建筑电气化发展的水平直接影响我国双碳目标的实现。电气设备系统日益趋向复杂，电气化装备市场的规模在稳步增长。虽然电气化施工的市场发展迅速，但仍存在市场秩序混乱、电气化施工的装备供应链发展不完善、缺少专业的技术人员等诸多问题。电气化施工已经是大势所趋，江西省要通过电气化施工来助力建筑碳中和，同时抓住机遇提升江西省建筑工程的水平，促进建筑产业的发展，需要做诸多的准备。江西省的人才流失严重，电气化施工急需引进和加强培养人才。江西省要加大科研投入力度，构建完善的人才引进或培养体系。同时加大对于建筑电气化供应链企业的扶持，构筑属于江西省的特色企业。综上所述，江西省要使建筑电气化施工水平走在全国前列，科技人才、政府引导、严格标准等是关键。

2020 年，全球建筑设备市场达到了 2083. 6 亿美元。自改革开放以来，中国在全球的建筑设备市场中逐渐占据了重要地位。三一重工等一批企业已然纷纷走出国门，占领欧洲和美国等市场。目前面临着系统化节能脱碳等使命的建筑业，无论是建筑业设备的上游产品与服务，还是中间服务集成、产品服务设计、行业代理经销商等都将迎来一次革新。建筑设备结合低碳化理念将是未来建筑设备的必然趋势。建筑设备与低碳环保契合是未来掌握建筑设备行业市场话语权的关键。中国建筑设备市场的增长率自 2011 年起就已经超过 10%。江西省应抓住机遇，大力发展建筑低碳设备，结合江西自身发展较好的精密仪器、汽车制造等，在发展建筑设备带动建筑行业发展的同时为双碳助力。

（四）碳减排时间紧任务重

“十三五”时期，江西省建筑行业加速转型升级步伐，积极推动装配式建筑发展，取得了不错的成就。先后出台了装配式建筑发展实施方案、产业专家库、江西省民用建筑节能和推进绿色建筑发展等。在政策导向下，截至 2020 年底，装配式木结构、钢结构建筑产业基地已建成 62 个，绿色建筑设计评价标识建筑项目 791 个，绿色建筑面积超过 2 亿平方米，装配式建筑同绿色建筑协同发展，共同促进减排工作的顺利开展。

“十四五”规划将建筑领域碳达峰纳入行动中，对建设法规、建筑节能、建筑质量、建筑能源、建筑材料等方面作出了要求，并提出到 2025 年，江西省星级绿色建筑覆盖率达到 30%，政府投资公益性建筑和大型公共建筑均为二星级，优先选用绿色建材作为建造原料。然而，根据中国碳核算数据库，近年来江西省建筑业碳排量逐年上升。虽然江西省建筑减排工作取得不错进展，但实现双碳目标的条件并不成熟，推动绿色建筑向零碳建筑转变道阻且长。

（五）能源结构明显偏重

目前，江西省正处于工业化和城市化发展中后期，经济欠发达，经济增长压力大，但能源需求旺盛。江西省第二产业比重大，长期以来能源消费结构以化石能源为主，同时煤炭使用总量呈增长趋势，资源密集型的高耗能、高排放产业居多。近年来，江西省不断贯彻绿色发展理念，新能源产业迅速发展，截至 2020 年底，风电和光伏发电在全省占比 29%，水力发电占比 15%。虽然火力发电比重不断降低，但仍居主导地位。

建筑碳排放可分为直接碳排放和间接碳排放两类，其中直接碳排放包括以石油、天然气等化石燃料为主的碳排放，间接碳排放则是电力消耗产生的碳排放。从建筑的全寿命周期出发，设计、建造、运营、拆除各阶段中建造和运营阶段排碳量最大，这两个环节均产生直接或间接的碳排放，能源结构调整时不我待，提高用能效率，发展清洁能源，实现开源节流的新发展方式，是江西省建筑业面临的挑战之一。

（六）“十四五”能耗增量压力大

“十四五”时期，响应国家双碳的号召，住房和城乡建设部明确提出了建筑业发展框架，重点聚焦建筑工业化、装配式建筑、建筑机器人，推动建筑业朝着数字化、工业化、智能化的方向前进。

从碳达峰到碳中和目标的实现，建筑形式必然经历从绿色建筑到被动式建筑再到零碳建筑的转变。零碳建筑对建筑的围护系统、能源利用、建造及运营阶段能耗提出了要求。当下，江西省绿色建筑正蓬勃发展，但需要破解许多难关。其一，建筑材料性能及质量落后，绿色建材、节能设备有待研发更新，可循环材料占比较低。其二，建筑领域用能效率低，能源结构不合理。大部分建筑将运营阶段的用能集中为电能，可以产生大量的二氧化碳。此外，在农村地区仍以煤炭为主要能源，能源结构亟待优化。同时，节能技术工艺虽取得进展，但受限于价格等因素并未普及推广。其三，公共建筑能耗占比大。随着城市建设进程的加快，公共建筑的面积不断扩大，公共建筑的耗能远超过城镇和农村居住建筑。“十四五”时期，如何化解难点、减少建筑碳排量、带动建筑业的变革，将是重要的挑战。

（七）减碳基础工作有待夯实

减碳基础工作涉及三个方面。首先，江西省碳排放核算方法和标准体系尚未建立，数据共享机制不健全，各领域、层级碳排放核算存在困难，碳减排边界模糊。其次，节碳、固碳存在技术壁垒：一方面，建筑光伏一体化等新能源技术仍不成熟，能源利用效率低下，被动式建筑比重较低，节碳进程发展缓慢；另一方面，江西省具有丰富的森林资源，但是碳捕捉、碳收集技术处于摸索阶段，所以碳工作难以开展。最后，江西省碳交易机制不完善，江西省虽先后开展了三批低碳城市试点工作，覆盖电力、钢铁、石化等行业，但是涉及建筑行业碳交易甚少。碳交易机制的建立属于减碳任务中的重要一环。江西省节能工作主要从政府层面出发，尚未形成政府、企业、公众三方合力的局面，居民环保意识有待提高，低碳绿色理念有待进一步推广。因此，基础性工作仍需夯实，减碳工作任重而道远。

第三章

建筑全寿命周期碳排放量化测算

2020 年 9 月，国家主席习近平在第七十五届联合国大会一般性辩论上提出："中国将提高国家自主贡献力度，采取更加有力的政策和措施，二氧化碳排放力争于 2030 年前达到峰值，努力争取 2060 年前实现碳中和。"实现碳达峰、碳中和目标，成为全面建设社会主义现代化强国的重大战略决策。建筑业作为转型升级和节能减排的重点产业，其碳排量指标数据将直接影响我国碳达峰、碳中和发展趋势。根据全球建筑联盟（GlobalABC）编制的《2020 全球建筑现状报告》显示，2019 年全球建筑部门二氧化碳排放总量约为 10 亿吨，占到了全球能源相关的碳排放总量的 28%，若加上建筑工业部分（整个工业中用于制造建筑材料，如钢铁、水泥和玻璃的部分）的排放，这一比例将上升到 38%。根据《中国建筑节能年度发展研究报告 2020》显示，我国建筑碳排放总量整体呈现出持续增长趋势，2019 年建筑碳排放总量达到约 21 亿吨，占总碳排放的 21%（其中直接碳排放约占总碳排放的 13%），较 2000 年的 6.68 亿吨增长了约 2.14 倍，年均增长 6.96%。建筑领域碳排放已经成为实现碳达峰、碳中和目标的关键指标，进一步加强建筑碳排量相关基础研究，对于实现建筑“双碳”目标具有一定的理论价值和现实意义。

一、建筑全寿命周期碳排放理论概述

生命周期评价（Life Cycle Assessment，LCA），最早可追溯到 20 世纪 70 年代的美国，是用于商业产品从原材开发到产品废弃全过程的信息跟踪与评价分析。1999 年 LCA 被纳入 ISO14000 国际标准，成为国际环境管理与产品设计的重要评价工具。根据 ISO14040：1999 的定义，LCA 是指对一个产品系统的生命周期中输入、输出及其潜在环境影响的汇编和评价，具体包括互相联系、不断重复进行的四个步骤：目的与范围的确定、清单分析、影响评价和结果解释。

建筑全寿命周期理论，是 LCA 延伸于建筑领域而形成的一套用于系统评估建筑产品在其整个寿命周期中对周围环境影响的评价工具，包括建筑原材的开采、加工、包装、运输、销售，建筑产品的可研、设计、施工、运维、拆除，以及建筑废物的分类、回收、循环、再生、销毁等环境负荷评价过程。

建筑碳排放，指建筑物在其全寿命周期范围内所产出的全部温室气体（Greenhouse Gas，GHG）总和。根据《蒙特利尔议定书》和《京都议定书》的规定，温室气体主要为二氧化碳（CO_2）、甲烷（CH_4）、氢氟碳化物（HFC_s）、氧化亚氮（N_2O）、六氟化硫（SF_6）和全氟化碳（PFC_s）6 类气体，其中二氧化碳是主要温室气体，其温室效应占总效应的 60%以上。由于各类气体所产生的温室效应存在较大差异，很难进行量化分析和比较，且二氧化碳是导致温室效应的主要气体，故通常根据全球变暖潜势值（GWP）对温室气体排放量进行折算，采用千克二氧化碳当量（$kgCO_{2e}$）指标作为温室气体排放的衡量标准。该指标中二氧化碳的 GWP 值为 1，其他温室气体的 GWP 值代表了相对于二氧化碳的辐射特性的倍数。根据 IPCC 第四次评估报告数据显示，部分温室气体 GWP 值如表 3-1 所示。

表 3-1　IPCC 第四次评估报告公布的部分温室气体 GWP 值

单位：千克二氧化碳当量

温室气体	CO_2	CH_4	NO	N_2O	PFC_s	HFC_s	SF_6
GWP 值	1	25	296	310	5700	11700	22200

二、建筑碳排放量化测算基本方法

碳排放的量化测算是一个复杂的过程，我国的建筑行业还没有对碳排放量化测算形成数据统计，要得到碳排放结果，必须处理大量的统计数据。建筑碳排放量化测算一般有实测法、物料衡算法、排放系数法。

（一）实测法

实测法是碳排放量化最基本的方法，指运用国家认定的标准计量工具和检测手段对二氧化碳的流量、流速、浓度等进行测量，在国家有关部门认可其数据的有效性后，计算二氧化碳总排放量的方法。实测法测量的结果准确性较高，但是工作量较大、获取数据较难、费用成本高，因此适用范围较小。其计算公式如下：

$$G=K\times Q\times C \qquad (3-1)$$

式中，G 为气体排放量；K 为单位转换系数；Q 为介质（空气）流量；C 为介质中气体的浓度。

（二）物料衡算法

物料衡算法又称质量平衡法，是以质量守恒定律为计算依据，将排放源的排放量、生产工艺和管理、资源的综合利用与环境治理相结合，全面系统地研究生产过程中二氧化碳的产生和排放的一种科学计算方法。物料衡算法可得到准确的碳排放数据，能反映发生地实际的碳排放量，但是数据获取较为困难，需要对建筑生命周期和产出物进行全面的研究分析，考虑的中间过程较为复杂，因此适用范围较小。其计算公式如下：

$$\sum G_{投入} = \sum G_{产品} + \sum G_{流失} \tag{3-2}$$

式中，$G_{投入}$为投入物料量；$G_{产品}$为所得产品量；$G_{流失}$为物料和产品损失量。

（三）排放系数法

排放系数法是目前常用的测算碳排放量的方法，是在正常的管理、技术和经济条件下，根据生产单位产品排放的二氧化碳平均量来计算总排放量的一种方法。排放系数法的国内外研究相对成熟，有过往经验，但是该方法的排放系数会随着工艺流程等方面因素的不同而发生变化，需要研究者进行对比和筛选。其计算公式如下：

$$CO_2\ 排放量 = AD \times EF \tag{3-3}$$

式中，AD（活动数据）为建筑材料用量；EF（排放系数）

为单位排放活动释放的二氧化碳量。

三、建筑碳排放因子核算

本节从化石能源、电力生产、建筑原材、交通运输、施工机械五个部分分别核算建筑碳排放因子。

（一）化石能源碳排放因子

建筑碳排放因子——化石能源的核算如表 3-2 所示。

表 3-2　建筑碳排放因子——化石能源的核算

序号	燃料类型	单位	碳排放因子（千克二氧化碳当量/单位）
1	原煤	千克	1. 9906
2	洗精煤	千克	2. 4208
3	其他洗煤	千克	0. 7686
4	型煤	千克	2. 3254
5	焦炭	千克	2. 8696
6	焦炉煤气	10^4 立方米	0. 8265
7	高炉煤气	10^4 立方米	0. 6786
8	天然气	10^4 立方米	1. 7946
9	液化天然气	吨	3. 1857
10	原油	吨	3. 0316
11	汽油	吨	2. 9397

续表

序号	燃料类型	单位	碳排放因子（千克二氧化碳当量/单位）
12	煤油	吨	3.0481
13	柴油	吨	3.1106
14	燃料油	吨	3.1850
15	液化石油气	吨	3.1080
16	炼厂干气	吨	3.0145

（二）电力生产碳排放因子

建筑碳排放因子——电力生产的核算如表 3-3 所示。

表 3-3　建筑碳排放因子——电力生产的核算

序号	电力生产		碳排放因子（千克二氧化碳当量/兆瓦时）
1	国家发展和改革委员会	2011 年华中	0.5955
		2012 年华中	0.5257
		2014 年 OM 法	0.9724
		2014 年 BM 法	0.4737
		2015 年 OM 法	0.9515
		2015 年 BM 法	0.3500
		2016 年 OM 法	0.9229
		2016 年 BM 法	0.3071
2	省级温室气体清单编制指南（试行）	2005 年	0.8010
3	气候变化战略中心	2010 年江西省	0.7635
		2010 年华中	0.5676
4	生态环境部	2017 年 OM 法	0.9014
		2017 年 BM 法	0.3112
		2019 年 OM 法	0.8587
		2019 年 BM 法	0.2854

（三）建筑原材碳排放因子

建筑碳排放因子——建筑原材料的核算如表3-4所示。

表3-4 建筑碳排放因子——建筑原材的核算

<table>
<tr><th>序号</th><th colspan="2">建材类型</th><th>单位</th><th>碳排放因子（千克二氧化碳当量/单位）</th></tr>
<tr><td>1</td><td colspan="2">实心灰砂砖</td><td>千块</td><td>485. 63</td></tr>
<tr><td>2</td><td colspan="2">粉煤灰加气混凝土砌块</td><td>立方米</td><td>232. 07</td></tr>
<tr><td>3</td><td colspan="2">普通混凝土砌块</td><td>立方米</td><td>151. 47</td></tr>
<tr><td>4</td><td colspan="2">粉煤灰硅酸盐砌块</td><td>立方米</td><td>286. 12</td></tr>
<tr><td rowspan="11">5</td><td rowspan="11">混凝土</td><td>C15</td><td rowspan="23">立方米</td><td>199. 33</td></tr>
<tr><td>C20</td><td>234. 29</td></tr>
<tr><td>C25</td><td>262. 71</td></tr>
<tr><td>C30</td><td>294. 45</td></tr>
<tr><td>C35</td><td>320. 80</td></tr>
<tr><td>C40</td><td>313. 62</td></tr>
<tr><td>C45</td><td>346. 95</td></tr>
<tr><td>C50</td><td>397. 99</td></tr>
<tr><td>C60</td><td>450. 63</td></tr>
<tr><td>C80</td><td>520. 72</td></tr>
<tr><td>C100</td><td>571. 92</td></tr>
<tr><td rowspan="5">6</td><td rowspan="5">水泥砂浆（砌筑）</td><td>M2. 5</td><td>179. 78</td></tr>
<tr><td>M5. 0</td><td>193. 44</td></tr>
<tr><td>M7. 5</td><td>210. 86</td></tr>
<tr><td>M10</td><td>229. 77</td></tr>
<tr><td>M15</td><td>264. 28</td></tr>
<tr><td rowspan="5">7</td><td rowspan="5">石灰水泥砂浆（砌筑）</td><td>M2. 5</td><td>200. 00</td></tr>
<tr><td>M5. 0</td><td>221. 13</td></tr>
<tr><td>M7. 5</td><td>239. 14</td></tr>
<tr><td>M10</td><td>260. 13</td></tr>
<tr><td>M15</td><td>302. 94</td></tr>
<tr><td rowspan="2">8</td><td rowspan="2">水泥砂浆（抹灰）</td><td>1 : 1</td><td>186. 39</td></tr>
<tr><td>1 : 1. 5</td><td>471. 04</td></tr>
</table>

续表

序号	建材类型		单位	碳排放因子（千克二氧化碳当量/单位）
8	水泥砂浆（抹灰）	1：2	立方米	210.25
		1：2.5		391.93
		1：3		154.53
9	石灰水泥砂浆（抹灰）	1：1：1		485.82
		1：1：2		422.44
		1：1：3		380.12
		1：1：4		345.81
		1：1：5		317.25
10	石灰砂浆	1：2		261.74
		1：2.5		245.70
		1：3		217.81
		1：4		189.73
11	混合砂浆	1：0.5：3		382.36
		1：1：6		273.29
12	素水泥浆			974.93
13	素石膏浆			211.84
14	钢		吨	2331.19
15	废弃钢材	1 吨钢坯		393.10
		1 吨钢筋		578.36
16	其他金属材料	铝		2600
		铜		3800
		铸铁		2500
		生铁		2290
		锌		2115
17	废弃铝材	1 吨铝挤型加工		348.61
		1 吨门窗型铝加工		97.38
18	铝板吊顶		平方米	5.72
19	铝板幕墙			31.81
20	幕墙铝制龙骨			40.19
21	铝制窗框			35.79

续表

<table>
<tr><th>序号</th><th colspan="2">建材类型</th><th>单位</th><th>碳排放因子（千克二氧化碳当量/单位）</th></tr>
<tr><td>22</td><td>镀锌钢管</td><td>平均值</td><td rowspan="2">米</td><td>20.33</td></tr>
<tr><td>23</td><td colspan="2">铸铁管</td><td>31.4</td></tr>
<tr><td rowspan="8">24</td><td rowspan="8">砂、石</td><td>非金属矿开采</td><td>吨</td><td>6.75</td></tr>
<tr><td>天然砂</td><td rowspan="6">立方米</td><td>9.57</td></tr>
<tr><td>碎石垫层</td><td>8.76</td></tr>
<tr><td>块石</td><td>6.05</td></tr>
<tr><td>混凝土料碎石</td><td>12.69</td></tr>
<tr><td>卵石及砂卵石</td><td>11.29</td></tr>
<tr><td>厚石板材(大理石、花岗石不分类)</td><td>2.87</td></tr>
<tr><td>平方米</td><td></td></tr>
<tr><td>25</td><td colspan="2">石板幕墙</td><td>平方米</td><td>174.08</td></tr>
<tr><td>26</td><td colspan="2">玻璃</td><td rowspan="5">吨</td><td>727.50</td></tr>
<tr><td>27</td><td colspan="2">强化玻璃</td><td>1286.60</td></tr>
<tr><td>28</td><td colspan="2">反射玻璃</td><td>1200.75</td></tr>
<tr><td>29</td><td colspan="2">镜面玻璃</td><td>1164.92</td></tr>
<tr><td>30</td><td colspan="2">Low-e 玻璃</td><td>1724</td></tr>
<tr><td rowspan="5">31</td><td rowspan="5">保温材料</td><td>1 立方米 EPS</td><td rowspan="5">立方米</td><td>4101.50</td></tr>
<tr><td>1 立方米 XPS</td><td>3263.76</td></tr>
<tr><td>1 立方米岩棉板</td><td>1224.39</td></tr>
<tr><td>1 立方米泡沫玻璃</td><td>1446.79</td></tr>
<tr><td>1 立方米泡沫混凝土</td><td>141.71</td></tr>
<tr><td>32</td><td colspan="2">PVC 材料</td><td>吨</td><td>8853.92</td></tr>
<tr><td>33</td><td colspan="2">PVC 板材</td><td>平方米</td><td>37.20</td></tr>
<tr><td>34</td><td colspan="2">PVC、UPVC 管材</td><td>米</td><td>4047.75</td></tr>
<tr><td>35</td><td colspan="2">1 平方米 SBS 改性沥青防水卷材</td><td>平方米</td><td>1.54</td></tr>
<tr><td>36</td><td colspan="2">1 千克丙烯酸酯乳液水泥防水涂料</td><td>平方米</td><td>0.85</td></tr>
<tr><td>37</td><td colspan="2">1 立方米规格木材</td><td>立方米</td><td>35.36</td></tr>
<tr><td>38</td><td colspan="2">水泥</td><td rowspan="3">吨</td><td>617.23</td></tr>
<tr><td>39</td><td colspan="2">建筑陶瓷</td><td>704</td></tr>
<tr><td>40</td><td colspan="2">卫生陶瓷</td><td>2188</td></tr>
</table>

续表

序号	建材类型	单位	碳排放因子（千克二氧化碳当量/单位）
41	油漆	吨	3580
42	PPR 管		6155
43	石膏		154.26
44	水	立方米	0.332
45	钢管散热器	平方米	28
46	铸铁散热器		58
47	铝合金平开窗（5 毫米玻璃）	平方米	23.25
48	铝合金推拉窗（5 毫米玻璃）		23
49	铝合金固定窗（5 毫米玻璃）		18

（四）交通运输碳排放因子

建筑碳排放因子——交通运输的核算如表 3-5 所示。

表 3-5 建筑碳排放因子——交通运输的核算

单位：千克二氧化碳当量/万吨·千米

序号	运输方式		碳排放因子
1	铁路运输	柴油	86.16
		电力	86.16
2	公路运输	汽油	1875.29
		柴油	1636.10
3	水路运输	柴油	215.63
4	航空运输	航空汽油	10353.25

（五）施工机械碳排放因子

建筑碳排放因子——施工机械的核算如表 3-6 所示。

表 3-6　建筑碳排放因子——施工机械的核算

序号	机械类型	规格型号		碳排放因子（千克二氧化碳当量/台班）
1	履带式推土机	功率（千瓦）	中 50	111.81
			中 55	129.68
			大 75	206.9955
			大 90	217.03
			大 105	217.40
2	履带式拖拉机	功率（千瓦）	中 55	147.74
			中 60	168.31
			大 75	199.86
			大 90	217.03
3	液压履带式单斗挖掘机	斗容量（立方米）	大 0.6	129.125
			大 0.8	192.58
			大 1	241.54
4	履带式柴油打桩机	锤重（吨）	大 3.5	176.32
			大 5	198.35
			特大 7	211.11
			特大 8	217.51
5	履带式起重机	起重量（吨）	小 15	128.68
			大 30	194.05
			大 40	233.69
			特大 50	324.06
			特大 60	373.01
6	轮胎式起重机	起重量（吨）	大 40	230.86
			大 50	241.86
			大 60	263.93
7	汽车式起重机	起重量（吨）	中 5	86.74
			大 8	109.00
8	载重汽车	载重量（吨）	中 6	123.42
			大 8	137.92

续表

序号	机械类型	规格型号		碳排放因子（千克二氧化碳当量/台班）
9	自卸汽车	载重量（吨）	中 6	139.02
			中 8	150.54
10	单筒快速电动卷扬机	牵引力（吨）	小 1	62.01
11	双筒快速电动卷扬机		小 2	48.67
12	单筒慢速电动卷扬机		小 3	25.53
13	双筒慢速电动卷扬机		中 30	283.3
14	内燃滚筒式混凝土搅拌机	出料容量（升）	小 250	25.41
			中 500	50.83
15	灰浆搅拌机	出料容量（升）	小 200	7.88
16	钢筋调直机	直径（毫米）	小 14	10.89
17	钢筋切断机		小 40	29.26
18	钢筋弯曲机		小 40	11.71
19	电动单级离心清水泵	出口直径（毫米）	小 250	274.89
20	内燃单级离心清水泵	出口直径（毫米）	小 50	11.78
21	双笼施工电梯	提升高度（米）	100	82.68
			200	161.54

四、建筑全寿命周期碳排放量化测算模型

（一）建筑全寿命周期阶段划分

建筑全寿命周期阶段划分是构建碳排放量化测算模型的关键。

不同阶段划分方法将导致模型构建及量化测算结果产生较大差异，目前国内外学者对于全寿命周期阶段划分各有不同。刘念雄等（2009）将全寿命周期划分为建材准备、建造施工、建筑使用和维护以及建筑拆卸 4 个阶段，用于计算建筑碳排量；孙立新等（2016）从建筑物化、运营维护及拆除处置 3 个阶段对木结构和混凝土结构房屋碳排放进行比对；王幼松等（2017）将建筑全生命周期划分为建材生产，运输，施工安装，运营使用、维护更新，废弃与拆除 5 个阶段，用于构建碳排量计算模型；陈江红等（2008）把能耗划分为全生命周期物化能和运行能两部分，以进行能耗分析；王玉等（2015）把整个生命周期分为原材料的开采、加工、运输、使用、重新利用、维持、循环以及最终处理 8 个阶段进行核算。此外，在碳排放量化测算模型构建过程中，还有学者将区域气候、经济、政策等众多差异考虑在内。在对众多学者研究成果分析、对比及总结的基础上，结合课题组实际调研结论，本着全面、系统、科学的原则，本书从建材生产、建筑施工、运营维护以及拆除回收 4 个阶段构建建筑全寿命周期碳排放量测算模型。

（二）建筑全寿命周期碳排量计算模型

建筑全寿命周期碳排量由建材生产、建筑施工、运营维护以及拆除回收 4 个阶段碳排量相加而得，具体计算公式如下：

$$E=E_{MP}+E_{BC}+E_{OM}+E_{DR} \tag{3-4}$$

式中，E 为建筑全寿命周期碳排放总量；E_{MP} 为建材生产阶段碳排放量；E_{BC} 为建筑施工阶段碳排放量；E_{OM} 为运营维护阶段碳排放量；E_{DR} 为拆除回收阶段碳排放量。

（三）建材生产阶段碳排量计算模型

建材生产阶段的全周期过程均会有二氧化碳产出，但由于各个过程的碳排量存在较大差异，且许多过程无法形成统一的计算标准，故本模型界定建材生产阶段的碳排放主要从建筑材料的生产和运输两个主要碳排放过程进行计算，计算公式如下：

$$E_{MP}=E_{bmp}+E_{bmt} \tag{3-5}$$

式中，E_{bmp} 为建筑材料生产过程碳排量；E_{bmt} 为建筑材料运输过程碳排量。

建筑材料生产过程，计算公式如下：

$$E_{bmp}=\sum_{i=1}^{n} M_{m,i}\times f_{m,i}\times(1+\alpha_{m,i}) \tag{3-6}$$

式中，i 为建筑材料种类数；$M_{m,i}$ 为第 i 种建筑材料总消耗量；$f_{m,i}$ 为第 i 种建筑材料碳排放因子；$\alpha_{m,i}$ 为第 i 种建筑材料生产损耗率。

建筑材料运输过程计算公式如下：

$$E_{bmt}=\sum_{i=1,\ j=1}^{n,\ m} M_{t,i}\times f_{t,ij}\times D_i\times(1+\alpha_{t,i}) \tag{3-7}$$

式中，i 为建筑材料种类数；$M_{t,i}$ 为第 i 种建筑材料总运输量；$f_{t,ij}$ 为第 i 种建筑材料采用第 j 种运输方式时，单位消耗量运输距离的碳排放因子；D_i 为第 i 种建筑材料平均运输距离；$\alpha_{t,i}$ 为第 i 种建筑材料运输损耗率。

（四）建筑施工阶段碳排量计算模型

建筑施工阶段碳排量可以根据施工过程中各类能源消耗量和相应能源消耗碳排放系数进行计算，计算公式如下：

$$E_{BC}=\sum_{i=1}^{n}E_{c,i}\times f_{c,i}\times(1+\alpha_{c,i}) \tag{3-8}$$

$$E_{c,i}=\sum_{i=1,\ j=1}^{n,\ m}Q_{c,j}\times p_{c,ij} \tag{3-9}$$

式中，i 消耗为能源种类数；$E_{c,i}$ 为建筑施工过程中第 i 种能源消耗总量；$f_{c,i}$ 为建筑施工过程中第 i 种能源碳排放因子；$\alpha_{c,i}$ 为建筑施工过程中第 i 种能源损耗率；$Q_{c,j}$ 为建筑施工过程中第 j 种施工机械台班数；$p_{c,ij}$ 为建筑施工过程中第 j 种施工机械单位台班对第 i 种能源的消耗量。

（五）运营维护阶段碳排量计算模型

建筑运营维护阶段是建筑碳排放最复杂的部分，此阶段不仅要考虑建筑碳排量的产出，还要考虑二氧化碳的吸收及能源再生等影响因素，此模型的构建主要考虑单体建筑运维过程中对电力、光热、燃气、石油等能源消耗所带来的碳排放，以及单体建筑绿地碳汇系统的碳吸收，计算公式如下：

$$E_{OM}=\left[\sum_{i=1}^{n}(E_{m,i}\times f_{m,i})-C_s\right]\times Y \tag{3-10}$$

$$C_s=S\times k \tag{3-11}$$

式中，i 为消耗能源种类数；$E_{m,i}$ 为运行维护过程中第 i 种能源年均消耗总量；$f_{m,i}$ 为运行维护过程中第 i 种能源碳排放因子；C_s 为单体建筑绿地碳汇系统年均减碳量；Y 为建筑寿命；S 为单体建筑绿植覆盖面；k 为单位绿植年均碳吸收量。

（六）拆除回收阶段碳排量计算模型

建筑拆除回收阶段碳排量主要从建筑拆除、回收以及建筑废物运送等过程考虑碳排放量，计算公式如下：

$$E_{DR} = \sum_{i=1}^{n} E_{d,i} \times f_{d,i} \times (1 - \alpha_{d,i}) \tag{3-12}$$

$$E_{d,i} = \sum_{i=1,\ j=1}^{n,\ m} Q_{d,j} \times p_{d,ij} \tag{3-13}$$

式中，i 为消耗能源种类数；$E_{d,i}$ 为建筑拆除过程中第 i 种能源的消耗量；$f_{d,i}$ 为建筑拆除过程中第 i 种能源碳排放因子；$\alpha_{d,i}$ 为建筑拆除过程中第 i 种能源回收率；$Q_{d,j}$ 为建筑拆除过程中第 j 种施工机械台班数；$p_{d,ij}$ 为建筑拆除过程中第 j 种施工机械单位台班对第 i 种能源的消耗量。

五、建筑碳排放量化测算案例分析

（一）案例概况

工程位于江西省南昌市东湖区中大路以东，安山路以南，斗门路以北，场地地理环境优越、交通便利。建筑用地面积为10081平方米，总建筑面积为67950.46平方米；地下为一层（局部为二层），地上2栋32层高层住宅楼、3栋16层高层住宅楼、1栋6层多层商业群楼、1栋2层多层商业群楼。工程结构类型为：地下室为框架结构，地上部分为全现浇框架剪力墙筒体结构，基础形式为筏板柱下独立桩基础与承台基础。人防工程设计类别为甲类，人防防护等级为核六级和常六级。地震设防烈度六度，建筑结构抗震等级分为三级与四级。建筑结构安全等级二级，设计使用年限50年，建筑物耐火等级一级。地下室防水等级：配电房、柴油发电机房、变电所等为一级，其余为二级。

（二）建材生产阶段碳排量计算

从该项目的工程量清单计价表获取相关数据，统计出15种主要建筑材料的用量，根据建材生产阶段碳排量计算模型，对主要建材生产（见表3-7）和运输（见表3-8）过程碳排量进行量化测算。

表3-7 主要建材生产过程碳排放计算表

建筑材料	单位	总消耗量	碳排放因子（千克二氧化碳当量/单位）	生产损耗率（%）	生产碳排量（千克二氧化碳当量）
C15混凝土	立方米	1658.70	199.33	1.5	335588.10
C20混凝土	立方米	1202.19	234.29	1.5	285886.01
C30混凝土	立方米	22651.54	294.45	1.5	6769792.14
C35混凝土	立方米	10317.84	320.80	1.5	3359612.52

续表

建筑材料	单位	总消耗量	碳排放因子（千克二氧化碳当量/单位）	生产损耗率（%）	生产碳排量（千克二氧化碳当量）
C40 混凝土	立方米	219.56	313.62	1.5	69891.28
C50 混凝土	立方米	375.94	397.99	1.5	151864.67
钢筋	吨	4025.85	2331.19	2.0	9572721.69
石灰砖	立方米	672.82	242.82	2.0	166641.64
加气砼砌块	立方米	6964.74	232.09	1.5	1640693.20
高分子自粘防水卷材	平方米	40758.18	1.54	1.2	63520.81
聚氨酯防水涂膜	平方米	16369.80	0.85	1.2	14081.30
JSA-101 二型防水涂膜	平方米	14212.49	0.85	1.2	12225.58
防滑地砖	平方米	834.35	2188	2.0	1862068.96
1∶3 水泥砂浆	立方米	3671.67	154.53	1.0	573057.00
1∶2 水泥砂浆	立方米	722.45	210.25	1.0	153414.06
合计					25031058.90

表 3-8　主要建材运输过程碳排放计算表

建筑材料	总运输量（吨）	运输方式	运输距离（千米）	碳排放因子（千克二氧化碳当量/单位）	运输损耗率（%）	运输碳排量（千克二氧化碳当量）
C15 混凝土	4146.75	重型柴油混凝土搅拌车（30 吨）	20	0.078	0.4	6494.81
C20 混凝土	3005.48	重型柴油混凝土搅拌车（30 吨）	20	0.078	0.4	4707.30
C30 混凝土	56628.85	重型柴油混凝土搅拌车（30 吨）	20	0.078	0.4	88694.37
C35 混凝土	25794.60	重型柴油混凝土搅拌车（30 吨）	20	0.078	0.4	40400.53
C40 混凝土	548.90	重型柴油混凝土搅拌车（30 吨）	20	0.078	0.4	859.71
C50 混凝土	939.85	重型柴油混凝土搅拌车（30 吨）	20	0.078	0.4	1472.03
钢筋	4025.85	重型柴油货车（46 吨）	100	0.057	0	22947.35

续表

建筑材料	总运输量（吨）	运输方式	运输距离（千米）	碳排放因子（千克二氧化碳当量/单位）	运输损耗率（%）	运输碳排量（千克二氧化碳当量）
石灰砖	1345.64	重型柴油货车（18吨）	100	0.129	0.5	17445.55
加气砼砌块	4178.84	重型柴油货车（18吨）	100	0.129	0.5	54176.57
高分子自粘防水卷材	76.42	中型柴油货车（8吨）	150	0.179	0	2051.88
聚氨酯防水涂膜	0.041	轻型汽油货车（2吨）	150	0.334	0	2.05
JSA-101二型防水涂膜	0.027	轻型汽油货车（2吨）	150	0.334	0	1.35
防滑地砖	0.013	轻型汽油货车（2吨）	100	0.334	0.5	0.44
1∶3水泥砂浆	7343.34	重型柴油货车（30吨）	20	0.078	0.4	11501.43
1∶2水泥砂浆	1444.90	重型柴油货车（30吨）	20	0.078	0.4	2263.06
合计						253018.43

（三）建筑施工阶段碳排量计算

建筑施工过程中的碳排放主要由机械施工、现场办公及照明等环节产生（见表3-9）。

表3-9 主要机械施工过程碳排放计算表

机械名称	作业量（台班）	消耗能源	机械单位台班能源消耗量（千克/台班或千瓦时/台班）	能源损耗率（%）	碳排放因子（千克二氧化碳当量/单位）	施工碳排量（千克二氧化碳当量）
履带式单斗液压挖掘机（斗容量1立方米）	19.34	柴油	63.00	1.0	3.1106	3827.92

续表

机械名称	作业量（台班）	消耗能源	机械单位台班能源消耗量（千克/台班或千瓦时/台班）	能源损耗率（%）	碳排放因子（千克二氧化碳当量/单位）	施工碳排量（千克二氧化碳当量）
履带式推土机（功率135千瓦）	7.87	柴油	66.80	1.0	3.1106	1651.65
自卸汽车（15吨）	33.75	汽油	52.93	1.0	2.9397	5303.96
履带式柴油打桩机（5吨）	15.00	柴油	53.93	1.0	3.1106	2541.48
履带式旋挖钻机	12.00	柴油	164.32	1.0	3.1106	6194.94
履带式起重机（10吨）	12.00	柴油	23.56	1.0	3.1106	888.22
混凝土输送泵（75立方米/小时）	60.71	电	367.96	1.5	0.8587	19470.11
合计						39878.28

（四）运营维护阶段碳排量计算

运营维护阶段的碳排放主要从单体建筑运维过程中对电力、光热、燃气、燃油等能源消耗所带来的碳排放，以及单体建筑绿地碳汇系统的碳吸收计算。根据《公共建筑节能设计标准》（GB 50189-2005）确定建筑房间人员逐时在室率、电气设备逐时使用率、照明开关时间等参数（见表3-10至表3-13）。

表3-10　建筑房间人员逐时在室率

建筑类别	运行时段	下列计算时刻（小时）房间人员逐时在室率（%）											
		1	2	3	4	5	6	7	8	9	10	11	12
办公建筑	工作日	0	0	0	0	0	0	10	50	95	95	95	80
	节假日	0	0	0	0	0	0	0	0	0	0	0	0

续表

建筑类别	运行时段	下列计算时刻（小时）房间人员逐时在室率（%）											
		1	2	3	4	5	6	7	8	9	10	11	12
宾馆建筑	全年	70	70	70	70	70	70	70	70	50	50	50	50
商业建筑	全年	0	0	0	0	0	0	0	20	50	80	80	80

建筑类别	运行时段	下列计算时刻（小时）房间人员逐时在室率（%）											
		13	14	15	16	17	18	19	20	21	22	23	24
办公建筑	工作日	80	95	95	95	95	30	30	0	0	0	0	0
	节假日	0	0	0	0	0	0	0	0	0	0	0	0
宾馆建筑	全年	50	50	50	50	50	50	70	70	70	70	70	70
商业建筑	全年	80	80	80	80	80	80	80	70	50	0	0	0

表 3-11　电气设备逐时使用率

建筑类别	运行时段	下列计算时刻（小时）电气设备逐时使用率（%）											
		1	2	3	4	5	6	7	8	9	10	11	12
办公建筑	工作日	0	0	0	0	0	0	10	50	95	95	95	50
	节假日	0	0	0	0	0	0	0	0	0	0	0	0
宾馆建筑	全年	95	95	95	95	95	95	95	95	95	95	95	95
商业建筑	全年	0	0	0	0	0	0	0	30	50	80	80	80

建筑类别	运行时段	下列计算时刻（小时）房间人员逐时在室率（%）											
		13	14	15	16	17	18	19	20	21	22	23	24
办公建筑	工作日	50	95	95	95	95	30	30	0	0	0	0	0
	节假日	0	0	0	0	0	0	0	0	0	0	0	0
宾馆建筑	全年	95	95	95	95	95	95	95	95	95	95	95	95
商业建筑	全年	80	80	80	80	80	80	80	70	50	0	0	0

表 3-12　照明开关时间

建筑类别	运行时段	下列计算时刻（小时）照明开关时间（%）											
		1	2	3	4	5	6	7	8	9	10	11	12
办公建筑	工作日	0	0	0	0	0	0	10	50	95	95	95	80
	节假日	0	0	0	0	0	0	0	0	0	0	0	0

续表

建筑类别	运行时段	下列计算时刻（小时）照明开关时间（%）											
		1	2	3	4	5	6	7	8	9	10	11	12
宾馆建筑	全年	10	10	10	10	10	10	30	30	30	30	30	30
商业建筑	全年	10	10	10	10	10	10	10	50	60	60	60	60

建筑类别	运行时段	下列计算时刻（小时）房间人员逐时在室率（%）											
		13	14	15	16	17	18	19	20	21	22	23	24
办公建筑	工作日	80	95	95	95	95	30	30	0	0	0	0	0
	节假日	0	0	0	0	0	0	0	0	0	0	0	0
宾馆建筑	全年	30	30	50	50	60	90	90	90	90	80	10	10
商业建筑	全年	60	60	60	60	80	90	100	100	100	10	10	10

表 3-13　不同建筑相关能耗指标

建筑类别	照明功率密度（瓦/平方米）	人均占有建筑面积（平方米/人）	人均新风量［立方米/（小时・人）］	电气设备功率密度（瓦/平方米）
办公建筑	9.0	10	30	15
宾馆建筑	7.0	25	30	15
商业建筑	10.0	8	30	13
医院建筑	9.0	8	30	20
学校建筑	9.0	6	30	5

通过《江西统计年鉴（2021）》可知，2020 年，江西省人均日能源消费量为煤炭 0.148 千克/天、汽油 0.076 千克/天、天然气 0.035 立方米/天、液化石油气 0.039 千克/天、煤气 0.009 立方米/天、电力 1.846 千瓦小时/天。人均日能源消费量为 0.910 千克标准煤/天。

由于此建筑为商业住宅类型，故取人均占有建筑面积为 25 平方米/人，此建筑总建筑面积为 67950.46 平方米，故求得建筑人员总数为 2718 人，根据人均日能源消费量可求得建筑运营维护过程中，年均能源消费量为 2718×0. 910×365＝902783. 70 千克标准煤，根据运营维护阶段碳排量计算模型，建筑寿命为 50 年，标准煤碳排放系数为 2. 493 千克二氧化碳/千克标准煤，可求得运营维护阶段能源消耗所排放的二氧化碳量为 902783. 70×2. 493×50＝112531988. 21 千克二氧化碳。

此外，运营维护阶段还需考虑建筑碳汇系统对二氧化碳的吸收量，根据此建筑相关信息可得，建筑绿化以密植灌木丛为主，建筑绿化率为 35%，故其建筑绿化面积为 3528. 35 平方米，根据植被固碳系数（见表 3－14），可求得此建筑 50 年寿命固碳 3528. 35×8. 15×50＝1437802. 625 千克二氧化碳。综上所述，此建筑运维阶段二氧化碳排放量为 111094185. 58 千克二氧化碳。

表 3-14　常见绿色植被固碳系数

植被类型	固碳系数［千克二氧化碳/（平方米·天）］
大小乔木、灌木、花草密植混种	27. 50
大小乔木密植混种	22. 50
落叶大乔木	20. 20
落叶小乔木、针叶木或疏叶型乔木	13. 425
密植灌木丛（高约 1. 25 米）	10. 25
密植灌木丛（高约 0. 85 米）	8. 15
密植灌木丛（高约 0. 55 米）	5. 15
野草地（高 1 米）	1. 15
低茎野草（高 0. 25 米）	0. 35

（五）拆除回收阶段碳排量计算

由于此案例尚未进入拆除回收阶段，缺少拆除阶段的数据，故参考日本 AIJ-LCA 的数据，拆除阶段能耗约为建筑施工阶段的 10%，即拆除阶段能源消耗为 32281. 32×10% = 3228. 132 千克二氧化碳。

对于建筑垃圾的运输可参考建材运输碳排量模型测算，建筑拆除主要产生废弃混凝土、废弃玻璃、废弃石材以及木材等建筑固体废物，对于此类建筑废弃物的运输，采用自卸式柴油货车运输，运输距离设为 50 千米，具体数据如表 3-15 所示。故建筑拆除阶段共计排放 167822. 58 千克二氧化碳。

表 3-15　建筑废弃物运输碳排量测算

废弃物类型	总运输量（吨）	运输方式	运输距离（千米）	碳排放因子（千克二氧化碳当量/单位）	运输碳排量（千克二氧化碳当量）
废弃混凝土	14570. 31	自卸式柴油货车	50	0. 179	130404. 27
废弃钢材	1610. 34	自卸式柴油货车	50	0. 179	14412. 54
废弃砖瓦	2209. 79	自卸式柴油货车	50	0. 179	19777. 64
汇总					164594. 45

（六）案例寿命周期碳排放

根据上述案例测算过程，得出此案例全寿命周期碳排放量及所占比例，如表 3-16 所示。可以看出，建筑运营维护阶段是建筑碳排放的主要阶段，该阶段碳排量所占比例达 81. 12%；其次是建材生产阶段，其比例达 18.46%；最后是建筑施工和拆除回收阶段，这两个阶段的碳排量基本相同，所占比例非常小，所以在碳排量粗略估算时甚至可以忽略不计。

表 3-16　案例全寿命周期碳排放汇总表

测算阶段	碳排量（千克二氧化碳）	占比（%）
建材生产	25284077.33	18.46
建筑施工	398782.80	0.29
运营维护	111094185.60	81.12
拆除回收	167822.58	0.12

六、双碳目标对建筑业发展的影响

（一）从碳达峰到碳中和将加速行业洗牌

随着“双碳”目标的提出，关于“双碳”的各类文件相继出炉，各行各业都开始积极行动，而作为碳排放大户、推动绿色发展重要载体的建筑业应做出表率。国务院印发的《2030 年前碳达峰行动方案》对推进碳达峰工作作出了总体部署，明确提出推广绿色低碳建材和绿色建造方式，加快推进新型建筑工业化，大力发展装配式建筑。江苏、广东、浙江等省份已将绿色建筑相关条例付诸实施，江西、山东、青海等省份已出台了绿色建筑相关政策法规，对于建筑业而言，在受到巨大压力的同时，也加速了其向绿色转型和高质量发展。由前文碳排放测算可知，运营维护阶段和建材生产阶段的碳排放量最多，而在建材生产阶段中水泥行业和石灰石膏行业占比最大，尤其是水泥行业。

碳达峰、碳中和将给建筑业带来一次行业洗牌，超低排放、环保生产的建筑企业未来具有更大的发展空间，而技术落后、产能落后的建筑企业将被市场淘汰，一些企业的并购重组也将加快推进，新能源和其他可再生能源工程建设投资快速增长，对现有建筑的节能改造也将是巨大的增量市场，而钢铁、水泥等作为能耗大户的行业市场将面临减量，需要继续去产能、优结构。随着"双碳"政策不断推进，国内涌现了一批专注于绿色建筑技术的企业，如上海朗绿建筑科技股份有限公司聚焦于整个建筑生命周期的绿色科技，专注于绿色建筑新材料、新技术的研发。再如江西康佳新材料科技有限公司聚焦在"半导体科技+新消费电子+新能源"产业，新能源将是其未来重点发展的领域，当前光伏产业迎来新发展机遇，该公司"伺机而动"，借助现有生产线优势，积极联合永修县政府将光伏玻璃项目落户永修，生产新能源光伏玻璃，未来具有巨大的发展空间。

"双碳"目标还对建造方式产生影响，住房和城乡建设部、国家发展和改革委、科技部等 13 部门联合印发的《关于推动智能建造与建筑工业化协同发展的指导意见》指出，要推进建筑工业化、数字化、智能化升级，加快建造方式转变，推动建筑业高质量发展。全国各省份都在不断加快推进建造方式的改变，主动适应建筑业向绿色转型的新发展趋势，在“十三五”时期，全国累计建成装配式建筑面积达16亿平方米，年均增长率为54%，其中，2021年新开工装配式建筑占新建建筑的比例达到了20.5%。绿色建筑、超低能耗以及近零能耗建筑必将成为建筑业的主旋律。

（二）重点行业企业面临较大压力

建筑业作为国民经济的重要组成部分，有着举足轻重的作用。建筑业上下游产业链较长，要实现节能减排必须分解到水泥、钢材、玻璃、铝材、陶瓷以及供水、排水、供暖乃至材料生产、运输、装修和现场施工等各个环节，而水泥等建材生产阶段和供水、供暖等运营维护阶段是关键。现有建筑业大多处于高耗能、高排放的状态，想要实现节能减排，无疑会使建筑业面临前所未有的挑战。

受“能耗双控”影响，2021年全国全年的水泥需求量呈前高后低的趋势，水泥价格高涨，由于煤炭价格上升太快，导致水泥行业增收不增利，全国大部分水泥企业均面临着一定的成本压力。2021年，全国几个主流水泥企业的销量均在下跌，在煤价上涨的成本压力下，全国水泥龙头企业海螺水泥结束了此前5年的连续增长态势，净利润、营业收入均在下滑，全国大部分水泥类上市公司业绩持续低迷。在“双碳”目标、节能环保、可持续发展、信息化技术的背景下，一批水泥企业会退出历史舞台，水泥产业将彻底告别高污染、高能耗、低效率的发展之路，走向低碳、绿色、高效率、高技术的可持续发展之路。由于固有原料结构和生产工艺的限制，水泥企业是二氧化碳排放大户。目前水泥的碳排放量依然偏高，要完成“双碳”目标，国内水泥企业要抓紧时间并为之付出巨大努力。

建筑运营维护阶段的碳排放占比第一，主要是供水、供电、供暖等，从供电的角度看，在未来碳约束越来越严格的趋势下，煤电产能已经严重过剩，相比于风电、水电、光伏发电等可再生能源发电企业，像浙江台州发电厂、广东沙角发电厂、江西分宜发电厂这类依靠煤炭发电的企业将会面临一定的负面影响，除要面对风电和光伏的竞争，还要遭遇环保政策的打压，江西分宜发电厂一年碳排放量将近500万吨温室气体。因“双碳”目标的推动落实，全国火电企业需要克服重重困难，向新能源项目方向发展，火电、风电、光电、储能、智慧能源全方位发展，实现转型升级。

（三）部分企业可能被纳入全国碳交易市场

建设全国碳交易市场是实现碳中和目标的重要手段。生态环境部预计，在全国碳市场启动后，覆盖排放量将超过40亿吨，成为全球覆盖温室气体排放量规模最大的碳交易市场，发电、建材等诸多行业将被纳入全国碳交易市场。于2021年2月1日施行的《碳排放权交易管理办法（试行）》明确提出，重点排放单位以及符合国家有关交易规则的机构和个人，是全国碳排放权交易市场的交易主体。电力行业是被率先纳入全国碳交易市场的行业，超过2000家发电行业重点排放单位被纳入全国碳交易市场。我国碳市场建设从地方试点起步，在北京、天津、上海、重庆等多地开展了碳排放权交易地方试点工作。

碳交易市场的全面开启，会为全国光伏企业带来更多的发展机会，特别是长期深耕于光伏行业以技术领先的民营企光伏企业，将迎来新的发展机遇。国家出台了一系列扶持政策，加快推进光伏等新能源开放项目，建筑光伏企业成为政策的受益者，未来有无限的发展可能。

作为资源能源依赖型产业，建材行业是实现碳减排的重点行业。我国基于碳排放总量控制下的第一例减排交易就发生在建材行业。方大特钢科技股份有限公司针对资源回收、能源消耗等各种情况，充分利用余热余压余能高效发电打造减碳示范点，是江西南昌绿色低碳建设典型案例。面对复杂多变的市场环境和繁重的改革发展任务，全国建材企业坚定“十四五”高质量跨越式发展目标，在绿色理念中推动高质量跨越式发展。

（四）部分企业可通过碳资产变现获利

在碳排放总量的约束下，高耗能行业马太效应强化、龙头企业竞争力将持续提升，绿色循环发展领域因其负碳效应会产生碳资产，在未来随着全国碳交易市场的逐渐成熟，碳排放权交易是大势所趋，碳资产变现能力将不断增强。

国家核证自愿碳减排量（China Certified Emission Reduction，CCER）分为绿色循环产业和控排行业两大类，其中光伏等属于绿色循环产业，建材、建筑等属于控排行业。随着碳交易试点的逐步推进，将会有更多的企业被纳入绿色循环和控排体系中。全国碳交易市场启动初期，2000 多家发电行业重点排放单位是参与交易的主体，并且是唯一主体，这些重点排放单位被称为“控排企业”，它们遍布全国各地，减少碳排放量或将成为一种硬约束。2021 年 7 月，全国碳排放权交易市场上线交易，全国碳市场碳排放配额（CEA）挂牌协议交易成交量超 410 万吨二氧化碳当量，成交额超 2. 1 亿元，首笔全国碳交易以 790 万元交易额、16 万吨碳排放配额（CEA）的方式完成，华润电力、华电集团、中国石油化工集团、国家能源集团、国家电力投资集团、大唐集团等 10 家企业成为全国碳交易市场首批成交企业。2021 年 8 月，江西省首单碳排放权配额质押融资业务落地，随后江西省又发放多笔碳排放权质押贷款，满足了江西省企业经营与技术改进生产所需要的资金问题，助力建筑业内高耗能企业节能减排项目的推进。2021 年全国碳交易市场自 7 月启动以来至 12 月，碳排放配额累计成交量 1. 79 亿吨，累计成交额 76. 61 亿元，火电企业作为先行者，承担我国减碳重任，为其他高能耗行业起到示范作用。

在“双碳”目标背景下，企业的转型和升级是大势所趋，企业主动采取节能减排措施，不仅可以获得政府低碳财税政策的补贴与扶持，而且可以利用减排行动获得额外的潜在经济收益。只要企业积极应对，在碳市场成熟阶段敏锐抓住机遇，就有望通过碳资产变现获益。

第四章

江西省建筑业碳减排战略分析

一、建筑业产业链进行生态化改造

（一）对建筑业中重点企业“摸清家底”

对于国内碳减排现状面临的压力和挑战，企业应出台一些实质性的方案来进行应对。企业进行碳减排的首要任务就是要将企业内部的碳排放进行量化计算，并对碳排放量进行盘查。碳排放量量化是碳减排管理的前提。企业进行排放量的盘查能够清楚地了解企业排放状况，摸清企业的具体情况，同时建立相应的数据库，为企业在制定方案时提供数据依据。对江西省建筑业重点企业进行碳盘查，能够更加详细地掌握江西省建筑业碳中和发展的状况。

1. 企业开展碳盘查工作的主要益处

（1）提升国际形象。江西省作为内陆开放型经济试验区和“一带一路”重要节点，需抢抓先机、加快部署以低碳为依据的新型节能建筑，构建全面开放新格局。

做好碳盘查工作，研究碳排放的计算方式，探讨碳排放技术路线、影响因子和碳排放的趋势特征等有利于帮助政府制订减排计划、确定减排目标等，同时提出可行的方案来提高其国际形象。

（2）满足客户需求。对建筑企业而言，在绿色消费的趋势下，大众追求低碳产品，企业应向低碳转型，做好碳盘查，了解企业的碳资产状况，并制定低碳生产计划，提升碳财富。同时通过对产品进行碳盘查可以详细地了解到每一个产品生命周期的碳排放量，作为消费者选择产品的参考。促使民众低碳消费、低碳生活。

（3）减少成本。企业通过对产品进行碳盘查能够了解产品生命周期各阶段的碳排放量，制定针对性的节能减排措施，减少成本，将被动参与碳交易转化为主动参与碳交易，获取潜在经济收益，以奠定碳管理能力为基础。

（4）提升企业形象。随着全国碳市场的建立，重点企业将会承担强制性的减排任务，由此企业的碳资产状况将会转化为企业的财务方面信息，达不到减排要求的企业就会形成碳负债，超额减排的企业就会形成碳资产。企业对技术升级进行节能减排的投入，理论上都可以变现，形成潜在的碳财富。完善碳减排任务、对外公开碳排放信息，能够有效地提升企业形象和企业信任度，赢得消费者和投资者的信赖。

2. 碳盘查标准与盘查工具

全球适用较广泛的碳盘查标准是世界可持续发展工商理事会（WBCSD）和世界资源研究所（WRI）发布的 SO-14064 温室气体核证标准与《温室气体议定书之企业核算与报告准则》，其主要内容可分为设立组织边界和运营边界、鉴别碳排放源、量化碳排放、创建碳排放清单报告、内外部核查 5 个要素。

由于技术手段有限，大部分企业难以直接从监测设备获取温室气体的排放量，因此目前国内外企业进行碳盘查主要通过软件计量和管理的方式。企业拥有的碳排放计量管理软件可以为企业提供分析、计算、管理以及报告碳排放的功能，提高企业进行碳盘查与碳管理的效率。

（二）严控新建项目环保水平

近年来，国家在应对全球气候变化方面作出了重要贡献，作为关系国民经济发展基础行业之一的建筑行业，应积极响应国家在节能环保方面的倡导，坚定不移地走生态优先、绿色发展的道路，推动建筑行业加快走上绿色低碳环保可持续发展的道路。

江西省贯彻落实“绿色、适用、经济、美观”的建筑方针，大力发展装配式建筑与绿色建筑，全面执行建筑节能强制性标准。

建筑全生命周期环保问题主要包括规划、设计、招投标、施工、竣工、验收及物业管理等阶段，其中存在的问题有噪声、能源消耗、建筑垃圾等。这些问题需要从设计、施工、运营阶段着手解决。

1. 设计阶段

能源的节约问题成为建筑物设计阶段中的重要课题，在建筑物的设计阶段需要提高对低碳环保能源的使用，从而降低建筑物的能源消耗。面向全生命周期的绿色建筑设计有显著优势，可以在建筑领域推广应用。在实际应用过程中，设计人员需要遵循绿色、经济、美观等原则，保障江西省新建项目的环保节能性。上述设计人员应遵循并秉持以下理念。先进性理念设计人员应确保绿色建筑施工阶段技术的先进性，对绿色建筑的使用功能、低碳环保功能、美观功能要有必要的保障。环境协调性理念设计人员应注重建筑物与周围环境的协调性，秉持以人为本，利用清洁能源、新型环保材料，降低能耗，妥善处理建筑全生命周期产生的建筑垃圾与建筑污染物的排放，达到降低建筑碳排放与缓解环境压力的目的。效益理念设计人员在绿色建筑的设计阶段考虑环境效益的同时应注重给企业创造更多的利润。

2. 施工阶段

为确保严格控制江西省新建建筑项目的环保水平，施工阶段应将绿色环保元素与建筑施工技术进行有机的融合，使得在建筑施工阶段对环境进行充分的保护，并且准确高效地完成成施工任务。建筑施工阶段企业要实现严格掌控建筑项目环保水平，在技术上需秉持以下原则：第一，对于现有的资源要进行科学合理的利用，合理地配置现有的资源，秉持循环利用和绿色环保的理念。第二，在施工过程中尽可能降低对环境的不利影响。第三，资源选取方面要尽可能选取绿色环保可再生资源。这三大原则也是绿色理念建筑施工技术的基本要求，建筑施工单位只有在施工时时刻秉持着这三大绿色理念施工原则，才能够有效地解决建筑施工污染问题，进而实现保护生态环境的目标。同时，对于施工人员环保意识缺乏与对于施工设备缺乏专业环保管理工作等缺陷，应采取相应的措施提高环保人员的环保意识与加强工作监督。

3. 运营阶段

随着经济的发展与人民生活水平的提高，建筑能耗在国家总能耗中占据越来越重要的地位。建筑的供配电系统的节能降耗问题与新能源的开发则显得更重要，降低建筑电气的能源消耗是大势所趋。节能就是应用技术上现实可靠、经济上可行合理、环境和社会都可以接受的方法，有效利用能源，提高用能设备或工艺的能量利用效率。

建筑电气节能包括三个主要原则：一是实用原则。满足建筑物的功能，也就是要满足舒适性温度、照明的亮度及特殊工艺要求等。二是经济合理原则。建筑电气节能不能因为节能而使得实际投资过高，应该按照实际情况考虑经济效益。三是技术先进原则。节省无谓的消耗，采用先进的技术对与建筑物功能无关的能量消耗实施节能。

随着社会的不断发展，人们所掌握的节能途径不能一直适用，所以，对节能一刻都不能松懈，不断地创造出更多、更先进的节能途径才是保证人们正常生活的正确方法。

（三）推广使用清洁生产工艺

习近平总书记在联合国第75届大会一般性辩论上提出，中国二氧化碳排放力争于2030年前达到峰值，努力争取2060年前实现碳中和。中国引领全球气候变化应对的地位和作用日益凸显。实施减污与降碳综合防治，稳步有序推进地方二氧化碳排放梯次达峰。国务院印发的《关于加快建立健全绿色低碳循环发展经济体系的指导意见》中部署了清洁重点任务。一是推进工业绿色升级，加快实施钢铁、石化、化工、有色、建材、纺织、造纸、皮革等行业绿色化改造。二是推行产品绿色设计，建设绿色制造体系。大力发展再制造产业，加强再制造产品认证与推广应用。三是建设资源综合利用基地，促进工业固体废物综合利用。

四是全面推行清洁生产，依法在“双超双有高耗能”行业实施强制性清洁生产审核。完善“散乱污”企业认定办法，分类实施关停取缔、整合搬迁、整改提升等措施，加快实施排污许可制度，加强工业生产过程中危险废物管理。这些都对清洁生产工作提出了更高的要求。

江西省建筑产业碳排放面临的问题主要有建筑用料、建筑设计、建筑技术应用等，这些问题严重阻碍了江西省建筑产业低碳化的进程，导致出现诸多环境问题。

为解决上述问题，可以从提高建筑工艺技术、利用新能源、研发新材料等方面切入，有效地解决建筑业碳排放高、污染高等问题。

（四）智慧发展模式引领建筑产业低碳转型

随着数字经济的发展和产业的转型升级，城市的诸多环境、经济、技术问题随之产生，在数字经济与智慧发展的引领下，城市建筑应结合智慧发展模式，进行产业的低碳转型，同时科技赋能改造完善城市的管理体系，提高环保性与服务功能，创造宜居的低碳环境。

在“智慧”的思想引导下，舒适城市的建设必须以绿色发展为目标，通过产业低碳转型打造舒适城市。探索有关智慧城市的相关思想和实践，有助于推动今后的低碳转型发展。

“双碳”号角吹响，企业如何应对？有专家表示，气候绩效是一种新竞争力。实现“双碳”目标，我们既要兼顾短期利益，更要关注中长期利益。持续性脱碳转型不仅涉及供应链各个部分，还包括新技术应用。促进企业脱碳转型，需要政府、协会、企业等多方协同发力，构建一个新的生态系统。

1. 智慧城市特征

（1）系统协同。智慧城市可以整合现代都市的主要功能和基本结构，将软件和信息资源进行有效的整合，实现“一键通”“一点通”“一卡通”等综合业务。

（2）保障机制。智慧城市的安全机制更加完善。传统的城市经营管理模式的信息安全保护能力较弱，而智慧城市则可以提供更强大的保护机制，降低用户隐私泄露的风险。

（3）智慧处理。在大数据和人工智慧技术的支撑下，智慧城市的数据处理能力得到了极大的提高，可以完全取代人工，进行数据采集、分析和整合，从而使其在工业、市政等方面达到智慧反应的目的。

2. 建筑减碳含义

中国在建筑行业脱碳具有至关重要的地位。为助力中国实现“双碳”目标，一是建立服务中国建筑行业的零排放燃料基础设施，选择碳中和燃料，确保生产和供应零碳排放燃料。二是成立建筑行业脱碳委员会，以开发零碳排放技术为目的，加强建筑行业价值链相关方之间的合作，包括材料生产厂、设计公司、施工单位、零碳排放燃料供应商等，同时，鼓励中国金融机构参与，将中国绿色融资方式与国际实践接轨。

云南省生态环境科学研究院对建筑全生命周期中碳排放量进行了追踪计算，研究发现建筑各阶段的排放量如表 4-1 所示。

表 4-1　建筑全生命周期碳排放量及比例

建筑全生命周期阶段	总碳排放量（吨二氧化碳）	碳排放比例（%）
材料生产阶段	145812. 91	64. 50
施工建造阶段	1259. 60	0. 56
运行维护阶段	76927. 72	34. 03
拆解阶段	2080. 96	0. 92
全周期	226081. 19	100

经过分析各生命周期的碳足迹可以看出，材料生产阶段和运行维护阶段所产生的碳排放分别占全生命周期的 64. 5%和 34. 03%，应作为降低同类建筑总排放量的关键阶段。所以建筑产业低碳转型应重点从材料生产阶段和运行维护阶段着手。

早期的研究认为低碳建筑是在使用过程中低耗能甚至零耗能的建筑，强调运行维护阶段的能源使用或能耗指标控制。近年来，随着全生命理论体系在低碳建筑研究过程中的运用，学者认为低碳建筑需采用低碳材料和低碳工艺建造，并采用低碳方式运维及拆除。

3. 低碳建筑研究的新变化

“双碳”目标将重构现有低碳建筑的研究重点、指导原则以及运用体系。“低碳建筑”实质是全生命周期各阶段碳排放低于合理限值的建筑，其研究重点是如何使全部建筑物的建造、运营满足社会碳排放限值，并使具体建筑物的碳排放值尽可能满足限值要求。在此基础上，开展具体建筑物的碳排放预测、管理、控制，引导和鼓励建筑开发商、承包商、运营商在建造、运营、拆除过程中采用低碳材料、低碳工艺、低碳设备。另外在基于碳排放量的低碳建筑体系评价过程中，将不再单纯注重建筑物的低耗能或绝对低排放。以人均碳排放允许值和建筑设计使用人数为计量基数，控制建筑物的允许总排放量，从单一的绝对排放量比较改变为以绝对排放量、使用效果等的多维度评价，将成为低碳建筑评价工作的重点。

二、力推建筑业节能环保技术开发和利用

（一）加快建筑业节能减碳共性和关键技术研发

我国在经济高速发展的同时，温室气体排放量随之增加。依据《联合国气候变化框架公约》，我国作为非公约附件所列缔约方国家，无须承担强制减排义务，但是作为负责任的大国，我国

主动向国际社会宣布了减排承诺。为了使得建筑业实现“双碳”目标，江西省必须就建筑业减碳方面做出自己的贡献。为加快实现“双碳”目标，除推广使用清洁生产工艺，依据智慧模式加速建筑产业低碳转型外，还必须加快节能减碳共性和关键技术研发。

1. 行政管制

行政管制的作用力主要源自政府，以命令和管制为特征，国家力量的干预程度较高，通常表现为标准、许可和限额以及对其实施的监督。此类制度的实施需要有相关规定，也就是“命令”，当个人或单位违反时，则会受到相应的处罚，也就是“管制”。当然，制度都有一定的边界，会授权单位和个人在一定范围内从事对生态环境有影响的活动，单位和个人只要不触碰制度“红线”，就不会受到处罚。江西省正在通过节能减排标准、环境影响评价、淘汰落后、环保督察、节能监察、能耗限额、能源效率标识、重点用能单位节能管理等制度，推动企业节能减碳。

（1）节能减碳标准。落实碳达峰与碳中和目标需要构建相应的标准体系，江西省想要加快节能减碳共性和关键技术开发，就得制定相关的标准体系，从制度上加速节能减碳共性和关键技术研发。

（2）环境信息公开。通过公开企业的碳排放量等环境信息，可以推动公众参与和监督环境保护，确保企业向着绿色低碳方向发展。对相关企业的碳排放量进行公布，能够给相关企业施加压力，激发企业节能减碳共性和关键技术的研发。

（3）淘汰落后。淘汰落后的工艺、设备和产品，可以提高能源使用效率，进而减少温室气体排放。对于碳排放量的工艺、设备和产品，应该加速淘汰。给市场正确的引导，通过市场加速节能减碳共性和关键技术的研发。

2. 市场管制

市场管制以基于市场的数量或价格控制为特征，国家会适度干预，但是仅限于明确产权、确定交易规则、制定税费标准等为市场管制实施所提供的基础保障上，管制作用力主要源于市场，常用手段有税费、押金、补偿等。在工业低碳发展方面，行政手段最为根本，其授权企业在特定范围内使用能源和排放温室气体，并对企业生产活动所产生的生态环境影响进行监督。

（1）碳排放交易。从 2011 年开始，我国在北京、天津、上海、重庆、湖北、广东、深圳 7 个省市开展碳排放权交易试点，逐步积累碳排放核算、配额分配、核查、履约清缴等经验。

碳排放交易机制不能仅作为市场工具理解，以配额流转为核心的碳排放市场具有突出的行政管控特点，其人为构筑的市场承载着应对气候变化、维护市场稳定的政策目标。通过对碳排放的管控，可以激发企业开发减碳节能的动力。

（2）节能量交易。江苏、安徽、福建、甘肃、内蒙古等地积极创新节能减排模式，鼓励用能单位将节能改造后形成的节能量进行交易。节能量交易可以产生财富，在经济的刺激下，企业定会加速节能减碳共性和关键技术研发。

（3）合同能源管理。合同能源管理是一种创新型的节能手段，通过节能服务公司提供必要服务和共享节能收益的方式，在推动企业节能降耗、提质增效方面发挥着重要作用。开展节能服务的主体是节能服务公司，其主要提供用能状况诊断和节能项目设计、融资、改造、运行管理等服务。

3. 社会管制

社会管制以公众参与为特征，政府的干预力最小，仅限于信息公开、标识制定等为公众参与所提供的基础保障上，作用力主要源自公众自身。近年来，中国在鼓励企业通过节能自愿协议、减排自愿协议、绿色供应链管理等方式推动节能减排。

（1）节能自愿协议。2010 年，江西省在全省工业企业中开展节能自愿协议试点，以进一步推进工业企业节能降耗，减少温室气体排放。在自愿协议的约束下，企业会加强节能减碳的共性，从自主意识上约束生产过程中的碳排放量。

（2）减排自愿协议。2012 年，国家发展改革委出台《温室气体自愿减排交易管理暂行办法》，积极引导企业参与基于项目的温室气体减排活动。据统计，我国备案约 200 个自愿减排方法学，备案 12 家项目审定和减排量核证机构以及 9 家自愿减排交易机构，审定温室气体自愿减排项目近 3000 个，备案自愿减排项目 1300 余个。签发国家核证自愿减排量涵盖很多行业，效果显著。

（3）绿色供应链管理。作为一种新型环境管理模式，绿色供应链管理将全生命周期管理、生产者责任延伸理念融入传统的供应链管理工作中，依托上下游企业间的供应关系，以核心企业为支点，通过绿色供应商管理、绿色采购等工作，推动链上企业持续提升包括碳减排在内的环境绩效。通过各种绩效管理，企业一定会加速节能减碳共性和关键技术研发。

4. 低碳化给建筑企业带来的新挑战

（1）清洁新能源的蓬勃发展将给传统建筑企业带来巨大改变。目前我国能源消费结构仍以煤炭为主，而多数建筑企业的材料生产都是以煤炭为主。煤炭的使用对环境造成破坏性影响，现在“双碳”目标的提出，限制碳排放量，对传统建筑企业形成巨大冲击，清洁能源的使用给传统企业带来新的生机。

（2）低碳化对建筑企业技术创新提出了新的要求。在建筑市场化时，建筑企业经济效益较好，但近年市场萧条，企业技术开发经费不足，技术人才缺乏，抑制了企业运用新技术、新工艺的动机和能力。部分企业在投资上重视短期内见效益的新项目，缺乏战略思考，在资金使用上重视扩大产量和规模，不重视技术创新投入，在节能减碳的技术创新方面存在严重不足。这已经成为我国经济由“高碳”向“低碳”转变的最大制约，同时也给建筑企业技术创新提出了新的要求。

江西省在“双碳”目标下，实现节能减排，需要从各个方面加速节能减碳共性和关键技术研发。

（二）加快节能环保技术在建筑业总的推广应用

“双碳”目标下，碳排放交易不能过度强调市场投机和金融衍生，气候变化应对的社会效益目标当为底线遵循，配额流转的商事活动须在政府调控下运作。不同于一般的商品交易要“强市场、弱政府”，碳排放交易的主体、标的和场所设施均被行政管控或指定，市场机制固然要发挥基础性作用，但更需“强政府”赋能以提高市场规制效果。碳排放交易配额虽有财产权益，但非财产权利，因此要避免“碳排放权”的误用。碳排放交易市场不排斥金融化的效率促进和市场活跃，但应防止高度金融化可能引致的风险衍生和目的异化。作为特殊的政策性市场，碳排放交易须明晰监管的管理、参与和执行的核心定位，在不同阶段确定不同的规制内容，即事前的配额管控、事中的价格干预和事后的行为惩处。

在碳排放规制中，监管介入在科学性、强制性、灵活性方面尚显不足，有待系统赋能保障。一应推进碳排放交易管理条例落地，将碳排放交易纳入更高位阶的应对气候变化法的规制范围，增强制度的稳定性和约束力；二应明晰碳市场横向主管部门和纵向央地机构间的监管边界，尤其要厘清发展改革委、生态环境部门和金融监管当局的主管范围；三应注意经济激励型碳排放规制工具的协同补位，逐步构筑碳税和碳排放交易兼容的规制模式。

1. 节能环保技术推广应用

（1）加快节能减排共性和关键技术研发。在国家、部门和地方相关科技计划和专项中，加大对节能减排科技研发的支持力度，完善技术创新体系。继续推进节能减排科技专项行动，组织高效节能、废物资源化以及小型分散污水处理等共性、关键和前沿技术攻关。组建一批省级节能减排工程实验室及专家队伍，推动组建节能减排技术与装备产业联盟，继续通过国家工程（技术）研究中心加大节能减排科技研发力度，加强资源环境高技术领域创新团队和研发基地建设。

（2）加大节能减排技术产业化示范。实施节能减排重大技术与装备产业化工程，重点支持水泥生产脱碳技术、钢筋生产过程清洁能源的应用、各类建筑在运营过程中的节能减排技术等关键技术与设备产业化，加快产业化基地建设。

（3）加快节能减排技术推广应用。编制节能减排技术政策大纲，建立节能减排技术遴选、评定及推广机制。重点推广能量梯级利用、低温余热发电、先进煤气化、高压变频调速、干熄焦、蓄热式加热炉、吸收式热泵供暖、冰蓄冷、高效换热器，以及干法和半干法烟气脱硫、膜生物反应器、选择性催化还原氮氧化物控制等节能减排技术。加强与有关国际组织和政府在节能环保领域的交流与合作，积极引进、消化、吸收国外先进节能环保技术，加大推广力度。

2. 建筑企业应对挑战的几点建议

（1）积极淘汰落后产能，推进建筑企业资源整合，减少资源的浪费和环境的污染。通过企业资源整合，以规模化、机械化生产替代小规模生产从而淘汰落后生产力，提高产业集中度和资源利用率，减少资源浪费和能源消耗。

（2）加快企业技术、装备改造的步伐，降低排放量。除利用绿色节能技术装备外，应重视建筑产能、蓄能的综合利用，做到变废为宝，降低能源的消耗以及污染物的排放。

（3）加大低碳技术的自主研发力度，适当引进先进的低碳技术并做好这些技术的国内转化工作。例如，德国生物智能（Bio Intelligent Quotient，BIQ）正式建成，坐落在汉堡 IBA 实验区，是德国节能、产能与蓄能一体化的建筑典范。

（4）对企业现有产业结构进行调整，以低碳技术为支撑延伸产业链，做好建筑等相关产业的深加工，从而摒弃高耗能发展模式，实现绿色低碳智能建筑的快速发展。具体来讲，企业应结合本地区本企业已有经济结构特征构建“循环”经济，丰富上、下游经济规模，同时合理优化空间布局，发展“煤—电—建材”和“煤—焦—化工”等代表性产业链，高效利用资源，降低单位 GDP 能耗，实现本地区循环经济下的低碳模式，最终实现企业的绿色发展。

三、构建符合循环经济的建筑产业体系

（一）促进建筑业生产资源投入减量化

全球气候不断变化的影响日益显著，为降低二氧化碳排放，解决温室气体排放问题，作为治理碳排放手段的碳交易体制在国际上广泛得到应用。建筑业作为我国国内碳排放的主要来源，也是国家基础设施建设的重要产业。目前，建筑业耗材数量巨大，而建材生产阶段的能耗和碳排放量占比较高，建筑材料的节约对建筑业低碳发展具有重要意义。我们应该把生产资源减量化放在首位，实行全面节约战略，倡导推广绿色低碳的生产生活方式，大幅提高投入产出效率，持续降低单位产出能源资源消耗和碳排放，从源头和入口形成有效的碳排放控制阀门。

减量化就是要用较少的资源和能源投入，达到预期的生产目标，这是循环经济的第一原则，它要求在生产过程中通过技术的改进，减少进入生产和消费过程的物质和能量流量，因而也被称为减物质化。换言之，减量化原则要求在经济增长过程中的各种增长具有持续的和与环境相容的特性，人们必须学会在生产源头

的输入端就充分考虑节省资源，提高单位生产产品对资源的利用率以预防废物的产生，而不是把眼光放在产生废物后的治理上。建筑商品是人类所有商品中体量最庞大和价格最昂贵的一种，其单位面积的资源消耗量均在1000千克以上，这些资源都来自地球表层，大量而持续的消耗会直接威胁人类的生存环境。

1. 建筑设计阶段生产资源的减量化

（1）提高建筑材料的利用率。构建低碳型社会，在进行建筑设计过程中，要提高建筑材料的利用率。在实际的建筑设计过程中，可以通过统一的建筑施工与室内设计，有效地减少建筑材料的浪费。也可在室内保温设计中，通过在外墙上铺设保温层，合理设计开窗位置，尽量多地利用自然光照，从而减少其他资源的损耗量，提高建筑设计内容的低碳节能性。

对于不同建筑材料的不同特征也要进行充分的了解与应用，要对各种建筑资源进行合理优化，避免资源浪费等问题，通过严格的控制提高建筑材料使用的最大利用率。在设计结束后，对剩余的建筑材料要进行合理的利用，避免建筑浪费等问题，在建筑材料的使用过程中要全面践行低碳化理念。

（2）科学合理地选择建筑材料。在建筑设计过程中，设计人员要积极做好建筑材料的选用，科学合理地开展建筑设计，全面提高各项资源的使用率，降低不必要的能源消耗，全面践行低碳理念。

现如今，在城市高层住宅建筑中经常会使用高消耗、高污染的建筑材料，进而给周围环境带来极其严重的不良影响，从而影响人类的生命健康。因此，在建筑设计环节，应该做好建筑材料的合理选择，强调材料的绿色环保性能，尽可能选择无毒材料和环保材料。当前我国高层住宅建筑普遍使用以混凝土、钢筋为主要材料的建筑框架，对于钢筋混凝土材料的需求量巨大，经常会造成资源的过度消耗。在进行城市高层住宅建筑施工时要使用具有环保效果的绿色建筑材料，在选择材料时应当选择有可持续利用和可回收利用特性的材料，从而达到环境保护和资源节约的目的。例如，只对主框架采用钢筋混凝土材料，对非承重结构尽可能采用绿色环保材料。对材料厂家进行挑选时要遵循就近原则，可以避免在材料运输的过程中出现高消耗的情况，也就是说在设计前期就需要对当地材料进行考虑。

2. 建筑施工阶段生产资源的减量化

（1）建筑工程施工现场减量化。

1）在最初的设计阶段和施工阶段，建筑工程就应该全面地考虑施工的地形和地势，达到土方平衡。对于多余的开挖土，可以用在附近组织协调回填、园林绿化、道路修筑等工程，以此来进行消化处理，处理不了的工程弃土，可以运到消纳场进行处理。

2）在建筑工程施工最初阶段可以使用“永临结合”的方法，将施工现场的水电管路、临时道路等与项目的规划和设计进行结合，以此避免临时道路拆除和后期埋设管路开挖道路时的不必要消耗，减少资源的支出和浪费。

3）对于临建设施，可以进行标准化的设计，使用钢筋混凝土预制条板和其他的能够进行标准化加工的构件，与装配式建筑的思路相结合，使临建设施构件可以进行循环使用，降低资源的消耗。

（2）建筑工程施工材料减量化。材料是建筑施工资源里使用量最大、费用占比最高的资源，所以，对于各种材料使用的节约，就成了建筑业碳排放管理必须遵循的基本原则之一。

1）减少材料的损耗率，在图纸会审环节对材料资源利用的内容进行严格审查，让材料的损耗率降到最低。提高混凝土、钢筋、模板等下料计算精准度，使下料的技术措施达到最合理的状态，实现精准下料，减少材料的浪费，做到最少的边角料产生。

2）熟悉施工图纸，提前做好建筑材料的预算，降低因建筑材料过剩转化为建筑垃圾的概率；做好技术交底和沟通，做好现场监督和工序验收的工作，避免因为操作不当造成材料损耗，进而使得碳排放增加。

3）增加循环材料的使用量。例如，用钢模板代替木模板，使废木料减少，还有使用高强钢筋和高性能混凝土，减少资源的消耗。对钢筋专业化加工和配送进行推广和使用。对钢结构制作和安装方法进行优化，对于大型的钢结构实行工厂制造，现场拼装。对于贴面类材料，在施工前做好总体的排版计算，从而使非整块材切割的数量减少。还有使用非木质的新材料或者人造板材代替木质板材，降低木材的使用量。

（3）建筑工程施工机械减量化。在建筑工程中，建设机械起着重要的作用，建筑机械可以完成许多人工不能完成的工作，进而提高建筑施工效率，提升建筑施工质量。但是，在建筑机械运行过程中存在着浪费大、污染重等问题，严重违背了碳排放发展的战略。对于建筑机械能耗、污染问题，深入建筑机械减量化技术研究意义重大。

1）构建完善的管理制度。在建筑机械节能技术应用过程中，制度是根本，是约束和规范建筑机械使用减量化应用的重要保障。因此，建筑企业要结合实际需求，建立起相对完善的机械管理制度，从制度层面对相关行为作出明确规定和约束。同时，做好切实可行的机械设备的进场计划，避免机械浪费。

2）加大机械设备的维护与管理。机械设备在运行过程中不可避免地会出现一些问题，如零件松散、性能减损等，一旦这些问题被忽略，就会影响机械设备性能，容易增加能耗。因此，要想降低建筑机械能耗，工程企业就必须注重机械设备的维护与管理。首先，在选用机械设备时，要对机械设备的性能进行测试，确保机械设备相关参数符合节能标准；其次，做好机械设备的日常维护与管理，定期检修，如定期给机械设备上润滑油、定期检查机械设备零件等，从而减少故障发生。

（二）提高建筑业生产资源的再利用水平

随着社会城市化发展进程的不断加快，绿色可持续发展逐渐成为促进各行业长效发展的大方向。现今，我国能源资源消耗大、资源紧缺，使得自然资源浪费、生态环境受到影响。一直以来，建筑事业对推动社会经济发展发挥着重要作用，也是人们生活的栖息地。由此，建筑业中生产资源的可持续利用得到了重视，资料的循环利用对于材料节约、延长使用年限有着重要作用。

2016 年的威尼斯建筑双年展，策展人 Alejandro Aravena 决定回收并重复利用上届艺术双年展后废弃的 100 吨材料，来打造新展览馆。因此近 10000 平方米的石膏板和 14 千米的金属结构得以保留，这样的行为说明，被丢弃的物品只要通过设计，也能带来价值。行为背后还引申出一个事实：建筑师在思考建筑时，通常目光局限在设计阶段、施工阶段，最多也就到使用阶段。我们几乎没有想到当建筑使用寿命到头，即将被拆除时，建筑会变成什么样，而这个问题本身就应该是设计的一部分。众所周知，建筑业的整个生命周期会依赖大量自然资源、水源和能源来进行建设和维护，对地球的影响不可忽视。根据《2019 年循环经济报告》，建筑行业所需物资几乎占全球消费物资的 50%（424 亿吨）。建筑业也是最大的废物产生者，大部分建筑很难回收再利用。不仅如此，传统建筑行业的工作流程，即提取—制造—使用—处置，会对地球产生实质性的负面影响和不可逆转的后果。而今取代这种模式的是受到自然生态系统启发的“循环经济”，自然生态系统有着回收和循环利用的工作流程，这种自然回归方式可以对环境造成较小的负面影响。同理，如果某种材料不再只按固定用途使用，而是可以对其进行修复并回收再利用，资源就几乎可以无限地循环，在保证人类和自然双重安全的经济环境中流通。

1. 建筑业生产资源的可循环利用不足

我国建筑生产资源循环利用的不足之处主要体现在利用资源率低下、缺乏创新技术、资源配置效率低等方面。以欧美为代表的西方国家对于建筑资源的利用率高于中国，他们在建筑领域对资源与建筑路线倾向于自上至下。但是中国是采取相反的路线，建筑的操作主要掌握在项目投资者与开发商手中，政府所具有的影响力是有限的，因此我国的建筑资源协调难度大，降低了建筑产业资源利用与生产的效率。在技术创新方面，西方国家在建筑业的创新能力上也领先于中国，导致我国建筑业创新性处于颓势。在工程项目建筑过程中，建筑业生产资源的可循环利用可以优化资源配置，实现建筑可持续发展。建筑工程项目进展中会产生废料，包括渣土、钢筋边角、碎石块等，建筑废弃材料的产生阶段主要在地基开挖施工作业阶段，废弃材料中碎石块占比高达50%~70%。不仅如此，建筑工程项目的土建骨料生产材料能够提升混合土性能，而目前对废弃材料的利用率明显不足。

2. 提高建筑业生产资源再利用水平可行性

在建筑工程项目的开展过程中，将建筑材料进行循环利用可以对有限的建筑材料进行更加合理高效的运用，同时还可以体现建筑业可持续发展的战略目标。建筑业产生的废料主要有钢筋边角料、渣土、碎石等。通过一定手段对上述废料进行重复利用，势必可以在一定程度上提高生产资源的利用率与整体施工的性能。

生产混凝土时会产生废水污染，通过在工程项目现场就地取材，采用废弃建筑材料直接取代原生态骨料，能够有效提升混凝土生态技术水平，实现降低污染，节约能耗。

3. 提高建筑业生产资源再利用水平策略

建筑工程体量大、工序繁多，为提高我国建筑业生产资源再利用水平，应提高建筑资源的利用效率，减少建筑工程中不必要的浪费。同时对于废弃建筑材料应进行回收改造循环利用，对废弃建筑回收改造循环利用不仅能够减少建筑经济成本，还可以减少环境污染，带来环境效益。建筑资源回收改造循环利用主要可以分为建筑材料砖石回收改造循环利用、建筑材料混凝土回收改造循环利用、建筑材料木材回收改造循环利用三方面。

建筑业生产资源二次利用是现代化社会发展建筑行业所面临的主要问题，工程项目负责人员需要将目前的单一模型、土地本位的传统资源开发模式进行转变，在追求更高效率的建筑建设进度基础上，全面考量建筑活动的每一个细节，保证综合提高工程建设整体质量水平，最大化降低建设项目的成本投入，获取更高的经济收益。

（三）促进建筑业废料的资源化利用

由于人为或者自然等原因产生的工程建筑废料，包括废渣土、弃土、淤泥以及弃料等，这些材料对于建筑本身是没有任何帮助的，但却是在建筑的过程中产生的物质，需要进行相应的处理，这样才能够达到理想的工程项目建设。

建筑所产生的废料垃圾是城市垃圾组成的主要部分，在这当中，混凝土、砂浆、包装材料、碎石、碎砖占据了总量的80%，占到了城市垃圾的30%~40%。建筑废料的传统处理方法是进行填埋或者露天堆放，这样一来不仅造成了严重的污染，还占据了大量的土地。同时建筑废料中很多是可回收重复利用的，但因复杂的施工现场及当今施工现场管理较为混乱，导致可以回收的建筑垃圾无法得到回收。因此，合理处理和回收利用建筑废料十分重要，它不仅符合生态环境保护的需要，也是可持续发展的需要。

在中国，建筑业是经济的支柱产业，在建筑新建与拆除过程中，消耗大量各类资源的同时产生了大量的建筑废料，而焚烧、填埋等传统处理方式会对环境、经济与社会产生较大的负面影响。建筑建材行业能耗及碳排放量高，总量居于高位。

尽管“十三五”期间在国家政策的调控背景下能耗与碳排放同比增长率有所回落，但总量依然较大，且从能耗及碳排放占全国总量变化趋势中可以看到，碳排放占比近年下降趋势逐渐不明显，而能耗比重自2010年以后呈上升趋势。随着能源及工业生产的发展，排入大气中的二氧化碳导致的温室效应问题越来越受到世人的关注。

1. 建筑材料余热、余气转化二氧化碳产品

悉尼新南威尔士大学的化学工程师开发了一项新技术，将排放的有害二氧化碳（CO_2）转化为化学品原料，用于制造燃料和塑料等，其发表在《先进能源材料》杂志上的论文介绍了一种制造纳米颗粒的方法，这种纳米颗粒可促进废二氧化碳转化为有用的工业产品。研究表明，通过采用一种称为火焰喷雾热解（FSP）的技术可在非常高的温度下制造氧化锌，它们可制造成纳米粒子，这些纳米粒子可用作催化剂将二氧化碳转化为“合成气”（氢气和一氧化碳的混合物）。这种方法比现有方法更节省费用，且容易扩大规模。Lovell 博士说：“我们用 2000℃燃烧的明火来制造氧化锌纳米颗粒，然后在其作用下用电将二氧化碳转化为合成气。”合成气的成分（氢气和一氧化碳）可按不同比例用于制造合成柴油、甲醇、酒精或塑料等工业产品。[①]

Daiyan 博士说，一个包括 FSP 生产的氧化锌颗粒的电解槽可用来将废二氧化碳转化为有用的合成气组分。这个电解槽里有以电极形式存在的火焰喷涂的氧化锌材料。当废二氧化碳通进去时，它就会被电进行处理，并以二氧化碳和氢气混合的合成气形式从一个出口释放出来。研究人员实际关闭了工业过程中产生有害温室气体的碳循环。通过对 FSP 技术燃烧纳米颗粒的方式进行

① Engineers find neat way to turn waste carbon dioxide into useful material［EB/OL］.（2020-06-10）［2020-06-10］. https：//phys. org/news/2020-06-neat-carbon-dioxide-material. html.

小的调整，可确定二氧化碳转化的合成气的构成。Daiyan 博士说："现在用天然气（或用化石燃料）生产合成气，而我们用废二氧化碳，然后将废二氧化碳转化为用合成气做原料的工业想要比例的合成气。"例如，一氧化碳与氢气的比例为 1∶1，适用于生产燃料；而一氧化碳与氢气的比例为 4∶1，适用于制造塑料。

余热利用在钢铁、建材、化工等高能耗行业中得到大力支持和发展，取得了显著的节能降耗效果；然而在智能建筑中的应用却比较少见。通过大胆的设想、精确的计算，合理地利用余热，实现能源的循环利用，对建设绿色建筑、创新节能方式具有重要的意义。

2. 建筑建材行业实现减碳的路径

在国家大力提倡绿色发展、节能减排，实现碳中和的前提下，建筑建材行业可以从以下几个方面实现减碳的目标：

（1）建材生产端首先关注碳排放占比最大的水泥行业，主导企业的减碳环保举措率先启动，在未来有望获得更强开工优势；智能环保产线的升级需求也会促使相关企业充分受益。

（2）建材消费端的玻纤和玻璃板块将分别受益于光伏、风电和新能源车轻量化大发展，为相关企业带来广阔下游市场空间。

（3）建筑端首先关注园林生态工程板块，碳汇提高的需要、生态建设的政策推动以及碳交易市场都将助力园林工程企业迎来快速发展。

(4) 建筑端还要重点关注绿色建筑、装配式建筑和钢结构板块，对材料、人工和能源的使用效率提高将助力绿色建筑、BIM（建筑信息模型）设计、装配式建筑进一步增加渗透率，对混凝土等高碳排放建材的替代需求将推动钢结构的市场空间扩张。

3. 水泥相关废料的资源化利用

在大量开展城市建设和改造的同时，建筑垃圾的处理已成为城市建设的负担。传统的处理方法主要是将其运往郊外堆放或填埋，这不仅占用大量的耕地，且造成环境污染。近年来，工程界对水泥废料的再生利用进行了大量的应用研究。对废弃水泥制品进行循环再利用不仅是处理废弃水泥的有效途径，还可以减少城市环境的污染，是发展建筑业碳减排的主要措施之一。

离心成型后的废浆含有的水泥可作墙体材料的胶凝材使用。搅拌、成型和浇灌的洒落料及拌制混凝土的剩余混合料，后者性能较好，可作为墙体材料的基本混合料等。

水泥混凝土旧料经多级破碎后可形成不同粒径的骨料，再经筛分处理后形成不同规格的建筑骨料，可替代部分天然骨料用于二灰稳定碎石、水泥稳定碎石等道路基层。部分粒径较小的骨料可掺配预制成路缘石、路侧石、行道砖等，应用效果良好。

4. 控制水泥产业的碳减排

水泥生产碳排放量大，控制建材行业碳排放量的重中之重就是控制水泥的碳排放，水泥二氧化碳排放量占比如图 4-1 所示。

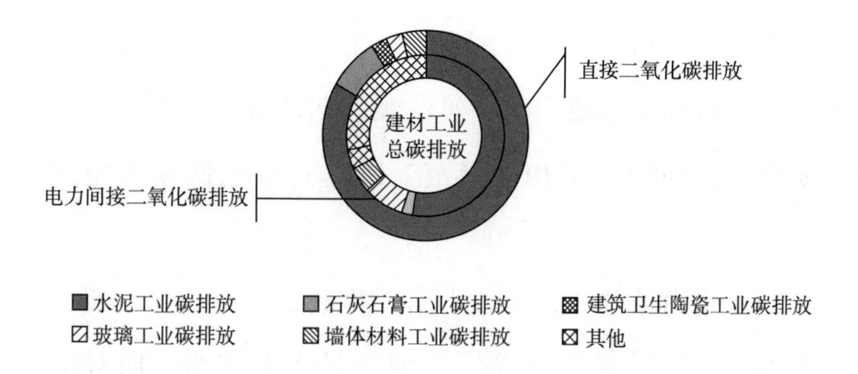

图 4-1　水泥二氧化碳排放量占比

水泥产业碳减排的三大方向分别是：提高生产效率，降低单位碳排放；发展推广协同处置技术，替换水泥窑所使用的煤；提高水泥用量比例。

加强碳捕集回收 CCUS（Carbon Capture，Utilizatiion and Storage，碳捕获、利用与封存）技术是 CCS（Carbon Capture and Storage，碳捕获与封存）技术的新发展，是指把生产过程中排放的二氧化碳进行捕集，继而投入到新的生产过程中实现循环再利用，而不是简单地封存。

5. 促进建筑业废料的资源化利用的建议

建筑业资源再利用是多方面因素相结合的综合性问题，所涉及的领域有化学、物理、力学与市场经济等多个方面。为减少资源的浪费，较为理想的状态需尽可能地减少建筑资源的剩余，我国对于建筑资源再利用方面可以进行如下的改进措施：

首先，制定相关的法律与标准，保障建筑材料尽可能不被浪费，减少建筑废料对环境的影响。对于各类的建筑形式也要制定相关的规定与标准规范。将建筑资源的回收利用等重点突出问题进行明确，并详细制定相关规范，以达到绿色低碳节能建筑的要求。

其次，我国是基建大国，土木工程建设工程量具有庞大的体量。土木工程建设也是建设资源消费最大的项目。面对上述情况，应在设计施工等阶段有机结合新兴环保技术与资源。同时在土木建筑过程中，政府应出台相关的建筑垃圾处理办法，秉持“变废为宝”的可持续发展理念。

有关调查研究显示，我国在建筑资源的消耗上面临着严峻的形势，呈现出排放量居高不下的态势，以致环境遭受了极大的污染。资源循环利用与垃圾处理等问题尚未解决，在很大程度上影响了我国建筑业低碳化发展的进程。由此可见，如何对建筑材料进行可循环利用已经成为现实中较为严重的问题，如果能够真正实现建筑材料资源的可循环利用，就能够有效地减少我国建筑材料资源的浪费，最大程度地促进我国的发展与进步，其价值高不可估。

我国正处于发展时期，大量的土木基建工程在进行中，未来建筑产业所产生的建筑材料浪费，与建筑施工所产生的垃圾将会越来越多。上述情况需要相关部门规范其利用，在保证建筑施工正常进行的同时，最大限度地提高建筑垃圾的再利用率，让建筑行业更加节能与环保，实现可持续发展。

四、储备建筑业碳捕集前沿技术

（一）建筑业碳排放来源及现状

因建筑规模大，目前我国建筑行业排放总量居全球首位。建筑行业的碳排放量主要包括建材生产阶段和建筑运行阶段的碳排放量，相关排放量占我国全社会总二氧化碳排放量的比例约为42%。碳排放可分为直接碳排放和间接碳排放。直接碳排放是在建筑行业发生的化石燃料燃烧过程中导致的二氧化碳排放，包括直接供暖、炊事、生活热水、医院或酒店蒸汽等导致的燃料排放等；间接碳排放是外界输入建筑的电力、热力包含的碳排放，其中热力部分又包括热电联产及区域锅炉送入建筑的热量。

《中国建筑能耗研究报告2022》指出，2020年全国建筑与建造碳排放总量为50.80亿吨二氧化碳，占全国碳排放比重的50.60%，其中：建材生产阶段碳排放28.20亿吨二氧化碳，占全国碳排放的比重为28.20%；建筑运行阶段碳排放21.60亿吨二氧化碳，占全国碳排放的比重为21.70%。2020年全国建筑全过程碳排放总量比2000年的6.68亿吨二氧化碳增长了约

6.6倍，虽然增长率在逐年放缓，但仍有必要采取措施减少碳排放。

（二）碳捕集技术在建筑业中的应用

建筑业中的碳捕集是指将建筑全过程中产生的二氧化碳收集起来，用各种方法将其封存以避免排放到大气中。目前，可以使用的二氧化碳捕集技术大体包含燃烧前捕集技术、富氧燃烧捕集技术和燃烧后捕集技术。

燃烧前捕集技术是把二氧化碳在化石燃料燃烧之前分离出来，先将化石燃料气化变成氢气和一氧化碳，氢气作为能源可燃烧转变成水，一氧化碳可转变成二氧化碳，即可被分离捕捉出来。集成气化组合循环技术（Integrated Gasification Combined Cycle，IGCC）是把煤转变成合成气的一项技术，也是一项有代表性的燃烧前捕集二氧化碳的技术。

富氧燃烧捕集技术也称氧气/二氧化碳燃烧技术，即化石燃料在纯氧或富氧中燃烧，二氧化碳和水蒸气是烟道气的主要组成部分，先把水蒸气冷却，就只剩下二氧化碳，再将二氧化碳分离出来，该方法的流程示意如图4-2所示。通常情况下，会将燃烧之后的烟道气再一次回注到燃烧炉，目的是降低燃料温度，提升二氧化碳的体积分数。由于制氧成本很高，富氧燃烧捕捉技术在经济上无显著的优势，因而无法实现大范围普及利用。但是，伴随着化工技术的持续发展，制氧成本将逐渐下降，富氧燃烧技术有望被大规模利用。

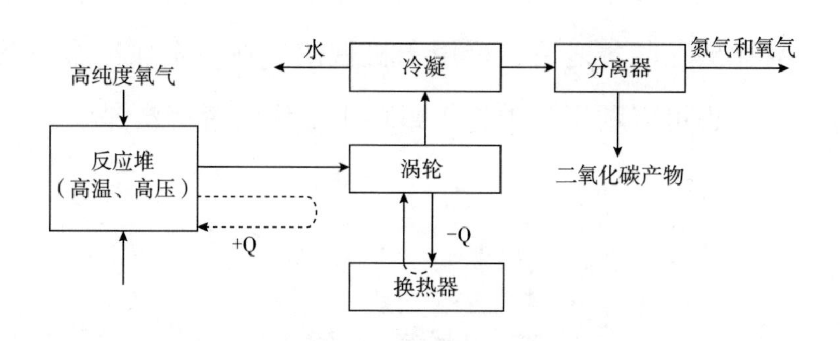

图 4-2　富氧燃烧工艺示意

燃烧后捕集技术指将化石燃料在空气中燃烧所生成的二氧化碳从烟道气中分离出来并捕捉的过程。化学吸收法（本菲尔法、甲基二乙醇胺法）、吸附法（变压法、变温法）、物理吸收法（聚乙二醇二甲醚法、低温甲醇洗法）和膜分离法等是重要的捕捉分离办法。应用区域广、系统原理简单、在技术使用上比较成熟，是燃烧后捕捉技术的重点优势。但是燃烧后捕捉技术在生产实践中并没有大区域地利用，主要是因为脱碳与捕捉碳的过程中耗费的能量有可能生成更多的二氧化碳，另外，碳捕捉的设备投入和运行成本带来了很高的二氧化碳捕集成本。

建筑生产阶段的碳排放包括建筑材料生产涉及的原材料开采、生产过程中的碳排放以及能源开采生产过程中的碳排放和建筑材料生产过程的直接碳排放等。建筑运行阶段的碳排放包括暖通空调系统碳排放、生活热水系统碳排放、照明及电梯系统碳排放和可再生能源碳排放等。考虑到燃烧后捕集技术尚未大区域应用，在这两个阶段中主要采用燃烧前捕集技术和富氧燃烧捕集技术。二氧化碳在收集之后，可用于机械制造业、金属冶金业等的工业生产，也可以利用各种技术封存于地底或者海洋深处。

五、本章小结

首先，本章强调了企业若进行碳减排首先要对企业内部的碳排放进行碳盘查的重要性，分别介绍了企业开展碳盘查的四大益处，即提升国际形象、满足客户需求、减少成本、提升企业形象。从边、源、量、报、查五点对碳盘查的主要内容进行了概括，指出企业进行碳盘查需要使用合适的标准以及工具。由于直接通过监测设备获取温室气体排放量的难度较大，目前国内外企业主要通过软件计量和管理的方式进行碳盘查。

其次，明确提出要严控新建项目环保水平，从设计、施工、运营阶段入手。设计阶段：需要遵循先进性原则、环境协调性原则、经济性原则；施工阶段：基于绿色环保观念下的建筑施工技术，就是将绿色环保元素与建筑施工技术有机融合，使建筑施工单位在施工过程中可以在保护生态环境的基础上准确有效地完成施工任务；运营阶段：建筑的供配电系统的节能降耗问题与新能源的开发则显得更重要，降低建筑电气的能源消耗也是大势所趋。节能就是应用技术上现实可靠、经济上可行合理、环境和社会都可以接受的方法，有效利用能源提高用能设备或工艺的能量利用效率。同时提出了智慧发展模式引领产业低碳转型理念，描述了智慧城市系统协同、保障机制、智慧处理等特征。

最后，提出促进建筑业生产资源投入减量化，把生产资源减量化放在首位，实行全面节约战略。从建筑设计阶段生产资源的减量化，及建筑施工阶段生产资源的减量化两阶段进行介绍。强调提高建筑业生产资源的再利用水平及建筑业中生产资源的可持续利用，分别从建筑业生产资源的可循环利用现状、建筑业生产资源再利用水平提高的可行性、建筑业生产资源再利用水平提高的策略、各建筑业生产资源在拆除中可循环利用等方面进行介绍。提出促进建筑业废料资源化利用思想，介绍了相关实施路径，建筑材料余热、余气转化二氧化碳产品，建筑建材行业实现减碳的路径，水泥相关废料的资源化利用，控制水泥产业的碳减排。储备建筑业碳捕集前沿技术，介绍了燃烧前捕集技术、富氧燃烧捕集技术和燃烧后捕集技术相关方法和原理。

第五章 江西省建筑业碳达峰路径分析

要实现达峰减排的目标，需要以碳中和远景目标为导向，现阶段重点控制建筑业所用化石能源总量，以能源结构清洁化、能源消费电气化为方向，着力提高能源效率，2030 年前实现碳排放达峰。未来逐步实现能源发展、经济发展与碳排放脱钩，构建以清洁为主导、电气为中心及绿色低碳循环发展的现代化经济体系，为碳中和奠定坚实基础。

一、从供给侧推动能源结构低碳化

进一步提高清洁能源占比、能源自给率，控制化石能源消费总量，不断完善调整优化能源结构的政策法规，引领能源消费结构低碳化转型。加大对新能源技术的研发投入，进一步提高新能源领域的技术研发水平，包括提高能效，低成本开发可再生能源。加强信息技术在能源领域的应用以进一步开发智慧能源等，从而实现能源可持续发展。

（一）提高清洁能源占比

加强清洁能源利用，逐步提高清洁能源的配置占比，实施以风电、分布式光伏发电为主，水电、生物质能、零碳氢能等其他清洁能源为辅的技术路线，提升能源清洁生产的能力，提高清洁能源技术水平，形成稳定的供给体系。提高能源自给率，推动绿色高质量发展。重点建设一批多能互补的清洁能源基地，逐步提升非化石能源比重。

1. 风光水能

优化能源供给结构，实施可再生能源替代行动，重点发展风电、太阳能等可再生能源，推进屋顶太阳能和分布式光伏发电。与风力发电企业做好风力发电、地面光伏和屋顶分布式光伏发电、“矿山修复+光伏”等项目的对接，择优选择综合实力雄厚、积极性高的企业合作，整体推进、有序开发江西省风力、太阳能等可再生能源项目建设。引导新建的风电、光伏发电项目申请CCER、VER等自愿减排项目，获取额外的碳减排收益。

2. 生物质能

发挥江西省生物质资源丰富的优势，积极发展生物质能应用。鼓励使用生物质燃料的建筑业企业扩大清洁燃料使用比重，辐射带动行业内其他企业利用生物质能减少碳排放。引导生物质燃料使用量达到1万吨标准煤以上的企业积极申请CCER、VER等自愿减排项目，获取额外的碳减排收益。

3. 氢能

氢能作为间接清洁能源，对江西省能源结构调整具有关键提升效用。对江西省相关企业进行摸底调查，筛选具有稳定制氢能力的企业，推动其技术革新，实现氢能在制备、储存、运输及燃料电池系统研发等环节中的高效利用，进一步提高绿氢经济性能。积极了解加氢站、氢燃料电池汽车应用等，探索氢能利用的有效途径。

4. 储能

储能产业是资金和技术密集型产业，在江西省有较完善的产业链，聚集效应有较好的应用场景。探索具有长时间大容量、短时间大容量、分布式以及高功率等模式应用的先进压缩空气储能、梯次利用电池储能等高效光储、风储项目以及先进燃料电池、高效储能等应用。

（二）加强建筑业消耗能源低碳化改造

按照规划引领、政策扶持、市场运作、因地制宜的原则，以提高天然气能源占终端能源消费比重、提高可再生能源占能源消费比重、提高天然气占煤炭消费比重、降低大气污染物排放为目标。借助“天然气入赣”工程全面建设完工、管道天然气稳定供应的优势，进一步加强宏观调控，制定专项规划，最大限度地减少煤炭使用量，加快提升江西省天然气气化水平，形成清洁、安全、智能的新型能源消费方式，为江西省建筑业能源绿色低碳转型提供重要支撑。

1. 科学规划开发

根据经济发展水平、节能减排目标和城市化进程需要，在《江西省天然气规划》和《江西省天然气管网规划》的基础上，科学编制天然气利用规划和管网建设规划，合理确定天然气使用规模。按照国家发展改革委颁布的《天然气利用政策》，根据天然气利用顺序，确保天然气优先用于城市燃气、城市公共服务业和国家鼓励的工业生产。

2. 加强沟通衔接

从西气东输、川气东送一线的主管网到各终端管网的支线管网是由江西省天然气有限公司负责建设，各设区市和县（市、区）相关企业的终端管网也是由江西省天然气有限公司参与建设或各地自行建设。因此要加强与江西省天然气有限公司的沟通和衔接，争取全省各地区早日用上天然气。

3. 加快终端管网建设

各地区应按照天然气的通气要求建设和改造终端管网，及时与省输送的天然气气源相衔接，同时要加强与省天然气有限公司的沟通与合作，理顺终端管网管理体制，组建政府主导的天然气供气公司，负责本地天然气运营工作。

4. 保障供气稳定

天然气利用工作必须遵循江西省政府制定的原则，只能与省政府授权的供销单位进行合作，对进入江西省的天然气实行“总买总卖、统一销售”，消除价格差别。加大对输气管网的安全隐患排查力度，定时、定点、定人、定路径进行巡视检查，确保管网安全运行。建立实时监测预警机制，对重点用户用气情况实行24小时监控，并制定相应应急预案。注重普及冬季燃气安全宣传知识，增强居民和企业的安全用气意识，确保民生供气平稳有序安全。

（三）开发分布式能源系统

推动天然气、风电、光伏、供热等分布式清洁能源有序开发和灵活接入，推进余热、余压、余能等资源回收和综合利用，实现建筑外表面资源化利用，探索建筑节能新途径，实现多能互补协同发展，实现区域内能源供给结构优化，有效降低碳排放。

1. 加强规划建设

结合国家能源规划部署和当地实际制定本地区能源规划，明确能源绿色低碳转型的目标和任务，加强能源规划实施监测评估，健全规划动态调整机制。分布式能源微电网内电源涉及区域型天然气分布式多联供系统的，应加强与区域热电联产规划的衔接。各级能源管理部门应会同有关部门，将分布式能源微电网项目纳入地区配电网规划，并做好与城乡总体规划等有关规划的衔接。

2. 深化“放管服”改革

深入贯彻落实江西省出台的《纵深推进“放管服”改革全面优化政务服务助力经济社会发展若干措施》，推进江西省能源领域“放管服”改革。各地应制定相应实施方案，简化相关工作流程，允许分布式能源微电网项目尽快接入地区配电网，并与公共电网友好互动，减轻电网调峰负担。

3. 推进试点项目工作

抓好试点地区和示范项目建设，充分发挥试点地区示范引领作用，评估总结形成可推广、可复制的发展经验，向大众加快普及并应用分布式能源微电网。根据试点项目特点，进一步优化相关项目管理流程，优化营商环境和政务环境，以最优的环境服务试点项目建设。

4. 加大政策支持

建立组织协调机制，密切合作，高效联动，适应分布式能源微电网建设创新性、系统性和综合性的要求，发布并落实分布式能源微电网发展的财税、人才、科技等扶持政策。大力支持具有竞争优势的新能源产业项目、应用示范项目及公共服务平台建设，鼓励关键工艺、技术自主创新，促进产学研协同合作。加强产融合作，优化资源配置，引导各类社会资本参与推动江西省新能源产业发展。推动龙头企业上市融资、并购重组及创新发展，发挥上市公司引领带动作用。

5. 协同产业发展

加强各能源品种之间、产业链上下游之间、区域之间的协同互济，整体提高能源绿色低碳转型和供应安全保障水平。支持分布式能源、先进储能、能量管理、控制系统等核心技术、关键设备和成套产品的研发应用，依托相关高等院校、专业研究机构和重要科研单位，成立分布式能源微电网产业联盟，整合智力资源，明确技术路线，着力培育专业研究中心。加快清洁能源、绿色材料、新能源技术相关工业化、产业化基地等平台建设，着力打造新能源产业集聚区，并培育若干个特色产业集群。

二、从需求侧提高能源消耗电气化

在积极推进能源供给侧绿色转变的同时，大力推动以终端电气化为标志的需求侧减碳，提升能源利用效率，积极探索建筑业生产、运输、能耗的能源低碳替代途径，推进以电（气）代煤、焦炭、油的进程，大幅度提高能源利用效率。

（一）建筑业电气化

鼓励建筑废料、废气综合回收利用、建筑新材料等行业企业有序实施建筑业锅炉“煤改气”、“油改气”，实行天然气替代燃煤（焦炭、燃油），提高能源使用效率。通过建设“光储直柔”建筑提高建筑终端化电气水平，引导建筑业领域中技术水平和经济效益较好的企业探索建筑业电气化的商业化使用。

1. 建设“无燃煤区”

科学划定无燃煤区，在范围内制定并执行更加严格的锅炉排放标准，燃煤锅（窑）炉（含燃煤茶炉）全部取缔；生产、生活采暖所需的能源一律参加集中供热或采用清洁能源。除公用电厂的电站锅炉和整体煤气化联合循环发电系统项目（IGCC）外，禁止新建、改建、扩建以煤炭或重油为燃料的高污染锅炉或窑炉等设施。切实加大对燃煤锅炉淘汰和改造工作的财政支持力度，制定财政补助政策，让“无燃煤区”范围以外实施清洁能源改造的单位享受同等补贴政策。

2. 发挥企业带头作用

燃气企业要加快建设管网基础设施，为清洁能源替代工作提供技术服务，并在气价及管道配套费用方面给予一定的优惠。鼓励电力企业积极参与锅炉和窑炉清洁能源替代工作，为企业的清洁能源替代提供技术服务，并在建设成本、政策配套及运营费用上给予支持和优惠。

3. 推进建设“光储直柔”建设

加快推进既有居住建筑和公共建筑节能改造，持续推动老旧供热管网等市政基础设施降碳节能改造。提升基础设施运行管理智能化水平，逐步开展公共建筑能耗限额管理。推进绿色农房建设及节能改造工作，发展低碳节能农业大棚，推广节能环保灶具、农机、电动农用车辆和渔船，加快太阳能、生物质能等可再生能源应用于农业生产和农村生活。加快农村电网建设，提升农村用能电气化水平。

（二）建筑运输电气化

鼓励推广应用以电力、天然气为动力的车船，进一步扩大交通领域电气化比例。以电动汽车、燃料电车为抓手，推进建筑业运输车、使用车"油改电"，提高所有使用车中新能源车辆比重。探索重载装配式材料运输车"油改气"、"柴油改甲醇燃料"等途径，逐步推广天然气运输船舶。

1. 科学确定电气化目标

根据各领域特点设定电气化率的具体目标，并纳入未来建设规划。同时，制定行业法规、规范和标准，以及通过碳排放目标来推动建筑工业交通电气化。考虑投资和运行成本，制定激励措施，鼓励和促进电气技术的发展，设计适宜的分时电价、容量电价等。

2. 推进"电—碳—绿证"交易市场建设

协同推进"电—碳—绿证"交易市场建设，保障电源结构动态调整中的资源配置效率。加快建设跨省区电力市场、电力交易现货市场、碳交易市场，建立健全发电容量补偿机制，妥善解决电价交叉补贴问题，完善电力需求侧管理制度，采取深化输配电体制改革等措施推动低碳电气化发展。

3. 打造清洁低碳良好生态

加快建设新型电力系统，推动清洁电力资源大范围优化配置，稳妥有序实施电能替代，加强提升电能替代设备效率和减排效果以及颠覆式技术创新研究。同时促进商业模式多样化发展，健全法律法规标准、完善相关政策机制，打造清洁低碳良好生态。

4. 大力推广新能源交通

继续做好新能源公交车推广应用工作，努力推动江西省公交车的新能源化，到 2022 年末，江西省新增及更换公交车中新能源公交车比重达 92%。积极推进燃油公交车提前报废更新，加快公交车新能源化进程，落实新能源公交车充电设施项目规划、用电价格等支持政策，落实新能源公交车推广应用财政政策，并指导企业购买符合国家标准的新能源公交车。[①]

（三）建筑能耗再电气化

在推动屋顶光伏发电的基础上，持续推动江西省公共建筑制冷、照明、生活热水、家电再电气化。积极关注餐厅和住宅炊事习惯引导，推进全电气化炉灶技术创新，积极推动烹饪的电气化。

---

① http：//www. jiangxi. gov. cn/art/2020/3/4/art_ 5178_ 1521875. html.

1. 推进清洁能源电气化

重点关注江西省光伏发电建设项目，推动全省光伏发电行业健康有序发展。加强相关调度工作，在保证安全和建设质量的前提下推动项目按期建设并网，督促企业定期向江西省可再生能源信息中心报送项目建设进展情况。

2. 积极研发全电产品

加大全电产品研发力度，克服电能转换成热能的技术难关，促进电能替代技术，降低电能替代成本，打造“可观摩、可复制、可推广”的全电产品范本。积极推广全电产品，推进“瓶改电”和“管改电”等改造试点工作，因地制宜地实行资金补贴。全面打通全电产品研发、生产、优化、安装、售后等上下游产业链，走出一条整合全产业链资源的道路。通过与经验丰富的企业沟通与合作，建立电气化教学中心及实训讲堂。

三、着力提高建筑业使用能源效率

以建设“美丽中国‘江西样板’”为主题，持续推进建筑节能和绿色建筑工作，推动绿色建筑发展，促进建筑领域节能减排。在确保建筑安全、舒适、健康、宜居的基础上，从控源头、减存量、强技术出发，通过节能管控，提高能源使用效率，降低建筑能耗和碳排放量，大力推广绿色建筑，倡导绿色低碳生活方式，促进城市实现“双碳”目标。

（一）加快形成绿色发展新动能

以建筑业废料、废气综合回收利用及建筑新材料等行业为重点，全面推行传统产业绿色化升级改造，促成一批能耗、环保、安全、技术达不到标准产能的企业关停退出。鼓励建筑企业自主创新，采用数字化、信息化、智能化技术对传统建筑业升级改造。大力发展智能制造、数字经济，不断培育壮大新产业、新业态、新模式，加快形成绿色发展新动能。

1. 提高建筑垃圾利用效率

加强建筑垃圾的分类处理和回收利用，规范建筑垃圾堆存、中转和资源化利用场所的建设和运营，推动建筑垃圾的综合利用及产品应用。鼓励建筑垃圾再生骨料及制品应用于建筑工程和道路工程，将建筑垃圾用于土方平衡、环境治理、林业用土、烧结制品及回填等，不断提高利用质量和效率、扩大资源化利用规模。

2. 加强建筑垃圾综合利用

在工程建设领域推行绿色施工，推广拆除垃圾和废弃路面材料原地再生利用，实施建筑垃圾分类管理、源头减量和资源化利用。强化建筑垃圾综合利用全过程管理，严格落实环境污染防治责任。

3. 创新建筑垃圾管理方式

充分利用大数据、互联网等现代化信息技术手段，推动大量产生建筑垃圾的行业、地区和产业园区建立“互联网+建筑垃圾”综合利用信息管理系统，提高建筑垃圾综合利用信息化管理水平。充分依托已有社会资源，积极鼓励社会力量开展建筑垃圾综合利用交易信息服务，分品种及时发布建筑垃圾产生单位、产生量、品质及利用情况等，提高资源配置效率，促进建筑垃圾综合利用率整体提升。

（二）不断激发旧动能的新潜力

1. 深度挖掘全省节能降碳潜力

一方面，严格实行工业能源消耗总量和强度双控制度，发挥节能监察监督推动作用，强化重点用能企业节能管理自主长效机制，通过产学研等平台积极提供节能诊断公共服务，促进工业能源消耗结构优化调整，加快升级工业用能基础设施，开展节能降碳技术改造项目，实现工业能效提升。另一方面，以低碳交通、低碳建筑、低碳生活等为抓手，深度挖掘各领域的节能降碳潜力。做好专精特新“小巨人”企业培育，要选择一批创新能力强、市场竞争优势突出的中小建筑企业予以扶持奖励，培育专精特新“小巨人”企业和建筑业单项冠军企业，激励“小巨人”建筑企业提升专业化优势，走建筑绿色低碳之路，降低江西省碳排放量。

2. 科技赋能节能降碳工程

抓住新一轮技术革命，重点在装备能效提升、系统能量优化、新能源高效利用、资源高效回收利用、碳捕集利用封存等领域加大技术研发投入，组织资源进行关键技术攻关，推广应用突破性技术，提升产业技术装备水平。推进节能降碳工作与数字信息技术融合发展，建立可溯源的能源监控管理体系，支撑江西省绿色低碳转型目标。

四、积极推进建筑业重点领域降碳行动

紧密结合江西省建筑业重点减排领域和重点低碳技术需求特点，积极推广降低碳排放量的节能和提高能效、原料替代等减碳技术；逐步开展可再生能源和先进民用核能技术研究与应用，探索建筑业二氧化碳近“零排放”为目标的近零碳技术；探索二氧化碳捕集、利用与封存技术以及非二氧化碳温室气体减排等末端减排关键技术，开发建筑废弃物循环利用、能量回收利用等零碳原料或燃料替代技术。通过对以上减排关键技术的研发，为有效控制碳排放总量夯实技术支撑基础。

（一）建筑生产领域

健全装配式建筑产业各项机制，开展集成多类型建筑装配式专项试点，促进建筑产业现代化和绿色化发展，降低建筑能源消耗与碳排放量。目前江西省有工业园区 PC、钢结构、木结构、组合结构的厂房项目属于装配式建筑，但是整体装配率不高，政府投资项目与开发项目中，因装配式建筑建设成本高，未出台相关奖励措施，且推行较困难。下一步应积极开展绿色生态城镇、美丽乡村等综合试点示范，开展建筑产业现代化、绿色建筑、城镇老旧小区改造、生活垃圾分类等专项试点示范，形成一批住房城乡建设绿色发展试点的示范项目，通过在建设生产中采用装配节能，降低建筑能耗，减少建筑碳排放。

（二）交通运输领域

建设集约高效运输组织体系，加快推进现代综合交通运输体系建设，提升综合运输的组合效率和整体优势，逐步提高物流社会化和专业化水平。在绿色出行方面，推广公务、公交、景区用车等实现绿色交通运输装备，并加快淘汰高能耗及低效率老旧车辆；引导货运车辆向轻型化、重载化、专业化方向发展；加快内河船舶船型标准化和 LNG 清洁能源化；在新能源汽车方面，支持建筑相关部门采购运营新能源汽车，统筹建设住宅小区与公共建筑的配电网与汽车充电桩，推动提高建筑用电与交通用电耦合程度；在自动驾驶技术方面，加强与科研院所和科技公司的合作，促进自动驾驶的规模落地，实现高效率的车辆调度，减少无效公共交通的资源消耗，最大化提升江西省公共交通系统的服务能力。

（三）公用建筑

推动党政机关、学校、医院等公共机构率先建成能源管理体系，加强能源计量基础建设，实施用能独立核算，推行能耗定额管理。优先采用合同能源管理等模式开展公共机构节能技术改造，鼓励公共机构开展用能托管。新建建筑全面执行工程建设节能强制性标准和绿色建筑标准。鼓励公共机构率先实现新购公务用车普及节能和新能源汽车，新建和既有停车场规划建设配备充电设施，积极采购使用节能、节水等绿色产品、设备，推行政府绿色采购，实施两型产品采购制度，提高采购节能产品的能效水平，扩大政府采购节能产品范围。

（四）农业农村建筑领域

坚持集中与分散供能相结合，加快城乡用能方式转变，提高城乡用能水平和效率。农业方面，鼓励农民购买高效节能农业机械，完善农业机械节能标准体系，淘汰老旧农机，改善农业投资业态，探索切实可行的农业脱碳技术方案，吸引优质资本和优秀人才，提高农业生产效率。农村方面，健全农村建筑节能技术标准体系，开展农村建筑节能试点示范，推广省柴节煤炉灶，因地制宜发展农村沼气、太阳能、生物质能等新能源与可再生能源，加强沼气设施的运行维护，推进可再生能源抵扣农村生产生活碳排放。整合社会各界多方力量，建立农业农村领域碳达峰碳中和专业研究平台。

（五）商用和民用建筑领域

主因客因两不放，完善相关标准及制度体系，推动设备节能改造进程，加大节能环保宣传力度，推动商用和民用建筑绿色化发展。商用建筑领域，推动商业、旅游业等行业建立并完善能耗限额标准及能源管理制度，加快对照明、空调、电梯设备等设施节能改造，开展绿色商场示范创建活动，推广大型商场、超市等能耗在线监测体系建设，推动未来商业楼宇借助“AI+物联网”建设新型智慧楼宇运营管理平台。民用建筑领域，普及节能知识，加大绿色用能宣传力度，鼓励消耗者购买高效节能家电、节能环保型汽车和绿色节能型住宅，将绿色住、行、用贯穿于生活。

五、增强建筑业生态系统碳汇能力

“十四五”时期是我国实现生态环境质量改善由量变到质变的关键时期。实现碳达峰、碳中和目标，一个重要方面在于增强建筑业生态系统碳汇能力。建立并完善建筑业园林、绿地规划与管控，推进建筑业园林产业的持续性发展；加快转变建筑业用林地方式，明确园林绿化碳汇产权，实现建筑用林利益最大化；健全生态补偿机制，实现碳排放及碳吸收的平衡，推进生态文明建设；同时有效发挥林地、湿地、草原等对碳储存碳固定的维持作用，实现各类生态系统对碳循环的平衡与维持的作用。

（一）稳步推进园林绿化

推进建筑业园林产业的绿色发展，着眼于“绿色江西”建设大局，以提高发展质量和效益为中心，完善建筑业城市绿地系统。合理布局建筑业园林绿化产业，满足城市建筑健康、安全、宜居的要求，推进生态文明体系建设，严守林地、湿地、物种等生态红线，加快推进林业资源保护治理能力现代化。“十四五”时期，江西省建筑业园林碳汇水平将进一步提高，建筑业生态系统碳汇能力稳步增强，实现碳达峰、碳中和的目标指日可待。

（二）明确园林绿化碳汇产权

当前农村建筑业用林地分散、规模小的特征易造成林地流转时的交易成本高、造林者抗风险能力低。需加快转变建筑业用林地发展方式，建立森林碳汇市场将其流转捆绑。建立以小农集体为基础捆绑式森林碳汇集群形式，实现散落式建筑业用林地分布作业者利益的最大化，调动小规模建筑业造林者的造林积极性。

加强碳汇科学研究和新技术推广，促使建筑业用林地向建设生态文明方向发展，由传统数量林业向现代效益林业转变。

（三）健全生态补偿机制

做好生态林与商品林的生态结合和合理补偿，完善建筑业林地分类经营制度，通过对建筑业生态公益林和建筑业商品林分类施策、分类管理和优化森林资源配置，建立合理的森林生态多元化补偿机制与生态保护补偿制度体系，共同形成绿色生产方式和生活方式。将生态补偿机制作为推进生态文明建设的重要抓手，列入重要议事日程，明确目标任务，制定科学合理的考核评价体系。及时总结试点情况，提炼可复制可推广的试点经验。“十四五”时期，江西省可以鼓励建筑业优质林地项目积极申报森林碳汇 CCER 项目，获取碳减排收益。

六、碳达峰与碳金融有机结合

全球气候问题对社会经济和环境的可持续发展都带来了越来越大的压力，提高能源利用效率，低碳经济和低碳城市是未来城市发展和建设的方向。将二者有机结合，是实现建筑业碳金融市场与生态系统协调稳进发展的主要途径。探索市场新渠道，开发节能减碳相关金融产品与服务，不断营造良好的碳金融市场环境，促进碳金融市场的发展；同时健全激励机制，大力支持各企业参与低碳创新，并协同解决气候投资等大问题，提升中国碳金融的国际竞争力。

（一）碳金融

推动金融机构经营战略转型，支持开发与节能减碳相关的金融产品和服务，有序探索运营碳期货等衍生产业和业务，促进碳金融市场的开发与推广。规范碳金融市场的监管，对违法交易行为严惩，营造出良好的碳金融市场环境，不断健全碳交易市场，促进金融机构的可持续发展。建立完善的监管体系，制定有关风险等级评定的具体标准，划分企业的风险类别，根据风险等级的不同进行差异化授信，降低金融机构的风险。适应国际碳货币的发展需求，积极加入国际碳货币体系的构建，提升中国金融的国际竞争力。

（二）气候投融资

1. 建筑企业

支持大中小企业参与绿色低碳创新，各单位协同解决气候投融资重大问题，研究制定相关配套措施，推动各项工作有力有序有效实施。发展第三方评估认证机构，适当引入第三方评估认证机构。开展绿色债券、绿色基金、绿色融资租赁、绿色保险等绿色金融产品创新，引导金融资源向新能源、氢能、储能、低碳建筑、低碳交通、需求响应、智能电网等前沿技术产业及配套基础设施建设领域流动。借助互联网、大数据等技术建立综合信息平台，一站式发布气候投融资政策、江西省气候投融资项目库、企业气候信息披露、气候投融资产品、第三方评估认证资源等相关信息支持气候投融资相关技术和能力建设。

2. 金融机构

健全激励机制，大力支持金融机构进行碳金融创新，增加金融机构参与度，促进碳金融市场的开发与推广。支持探索建立节能环保金融服务的经营策略、管理机制和激励考核体系，推动银行等金融机构积极开展绿色信贷业务，为低碳项目提供资金支撑。支持保险公司承担起与碳有关的担保和保理业务，为低碳项目提供保险，开发碳交易保险，为项目提供保障，降低投资风险。鼓励期货公司、信托公司和其他金融机构积极参与，在控制风险的前提下，积极开展“绿色信贷”及相关碳金融产品和服务创新，提高碳融资的多样化程度。

七、构建全社会协同促进机制

当前江西省碳排放来源以产品生产端为主，随着未来消耗持续提质，碳排放有可能进一步向产品消耗端迁移，从长远来看，低碳消费将成为全社会低碳转型的重要途径，需要全社会各领域协同促进。加强顶层设计与整体规划，探索培育全社会各领域组织的联动体系，强化各行业部门的协调对接。推动社会组织管理立法与社会组织管理体制改革，进一步完善社会组织的法律规制与管理。结合各地经验，鼓励各类社会组织成立自己的行业协会、联合会，推动社会组织的发展与壮大。

（一）构建低碳绿色消费生态

落实节能低碳理论知识教育，正确理解绿色消费的理论意义，加强绿色消费教育，引导全社会树立节电、节水、节油、节气的低碳理念。积极开展宣传工作，利用门户网站、宣传栏、报纸杂志等媒介，从街道、小区的居委会和村庄的村委会等入手，推广绿色低碳的生产生活方式，加大绿色和节能产品推广使用，广泛形成绿色生产生活方式。例如，政府优先采购，中央企业和省属国有企业率先实施绿色采购行为，社会广泛参与绿色出行、垃圾分类、节约用电等绿色生活方式等。通过环境教育平台，营造低碳环境，每个人从自己做起，自觉践行低碳标准，让绿色消费成为生态文明构建的重要途径。

（二）营造低碳绿色产业生态

打造产业绿色供应体系，将产业用能绿色化放于首位，整合政府、企业、专业服务机构、行业协会、科研院所等部门单位优势，集聚技术、人才、信息、政策、资金等多方面要素，设立平台载体，以产业绿色低碳发展为中心，打造江西省工业绿色生态发展环境。调整降低高耗能产业比重，提升新兴产业比重，降低整体碳排放强度，淘汰落后产能，提升产品整体价值层次，降低价值链低端产品比重，实现单位效益碳排放水平降低。在低碳产品认证、能源合同管理、碳排放第三方核证等领域，严格限制政府参与市场活动的范围，采取社会监督和违规严惩的方式培育和维护第三方信用。

（三）积极打造低碳示范工程

构建低碳能源体系，合理控制终端部门能源消费，积极打造低碳产业结构。适度开发可再生能源，探索综合能源服务，控制工业建筑业等领域的增量排放。在推广低碳示范工程过程中，明确创新目标，完善创新体系，构筑创新平台，实现创新发展。践行低碳理念，发展低碳经济，建设低碳工程，把低碳理念融入经济发展、城市建设和人民生活。积极推广低碳型政府、低碳家庭、绿色低碳学校、低碳社区、低碳出行、低碳商场、低碳建筑等示范工程，将低碳转型的概念落实。通过培育低碳产业，打造绿色金融聚集区，推进建筑节能，实现经济发展方式向低碳方向转变。

八、本章小结

基于党中央决策部署、低碳绿色发展新理念、经济社会发展和建筑业碳排放现状等因素考量，通过采取技术化、市场化、行政化、绿色化、法治化等多种手段，因地制宜、因碳施策地提出了符合江西省特点和条件的建筑业碳达峰实现路径。从供给和需求两侧出发，一是通过提高清洁能源占比、加强能源低碳化改造、开发分布式能源系统，积极推动供给侧建筑能源结构低碳化；二是通过推动建筑业电气化、建筑运输电气化、建筑能耗再电气化，不断推动建筑能源消耗电气化；三是抓住新旧动能转换潜力、形成绿色发展新动能，持续提高建筑业使用能源效率；四是积极推进建筑全过程降碳行动，关注重点建筑领域节能减排改造；五是稳步推进园林绿化、明确绿化碳汇产权、健全生态补偿机制，不断增强江西省建筑业生态系统碳汇能力；六是以全国碳市场建设为中心，积极引导和促进气候投融资活动，实现碳达峰目标与碳金融的有机结合；七是积极构建低碳绿色消费生态、营造低碳绿色产业生态、打造低碳示范工程，不断构建和完善全社会协同促进机制。

全省上下要坚定信心、乘势而上，从顶层设计规划到战略实施、从产业结构到能源转型、从经济发展到社会生活等领域快速发力，确保如期实现江西省建筑业碳达峰、碳中和目标，推动我国建筑业绿色发展。

第六章

江西省建筑碳中和发展建议及展望

一、江西省建筑碳中和发展机遇和挑战

（一）存在的问题

建筑领域实现碳达峰、碳中和，对江西省全行业转型发展，是机遇也是挑战。

第一个困难，工作力度还不够，需要强有力的措施。我国碳达峰不会是自然达峰，而是在政府宏观调控下、有目标约束下的达峰。国外比我国早提出碳达峰、碳中和，我国刚刚起步，实现

碳达峰需要一定的时间，达峰后实现碳中和只剩30年时间，国外花50年时间，我国要用30年来完成，就要采取更加强有力的政策、投资与技术。

第二个困难，投入问题。自2017年江西省GDP（国内生产总值）首次突破2万亿元以来，江西经济总量快速增长，2020年达到25692亿元，“十三五”时期年均增长7.6%，其中前四年年均增长高达8.6%，经济增速持续稳居全国“第一方阵”，剔除2020年因新冠肺炎感染影响江西GDP增速在中部排名第二位外，前四年均位列中部第一。但是经生态环境部测算，为实现2030年建筑领域碳达峰，未来10年需投入3.5万亿元。对于江西省来说，经济投入是不小的挑战。

第三个困难，技术、人才与产业支撑略显不足。我国才刚刚提出减排目标，留给我们发展的时间紧迫，在研究建筑碳达峰碳中和领域，江西省现有的技术能力、人力资源和产业规模不足。

第四个困难，江西省内发展不均衡。省内贫富差距较大。江西省本来就不富裕，特别是农村地区。江西有着600万户2600万农村人口，农村住房建设面积和规模巨大。砖混结构、生土结构、木结构、石结构等是江西省现阶段传统农村住宅结构体系的主要形式，各种农村住房结构体系大多存在结构整体性能差、浪费资源严重、施工过程环境污染严重等问题（见表6-1）。

表 6-1　农村住宅建设情况　　单位：%

农村住宅建设情况	类型	占比
农村住宅结构	砖混结构	52.0
	砖木结构	26.0
	木结构	8.0
	毛石砌体结构	8.0
	框架结构	5.5
	生木墙结构	0.3
	钢混结构	0.2
农村住宅施工队伍组织情况	自行组织附近工匠施工（基本无专业资质）	65.6
	自行组织附近工匠施工（部分具有专业资质）	32.2
	雇佣专业施工队伍施工	1.8
	自行组织具有专业资质的人员进行施工	0.4
农村住宅监理情况	由自己代为监理	63.0
	由其他非专业人员义务监理	28.0
	无监理意识	8.0
	由专业监理人员协助监理	0.6
	由专业监理人员监理	0.4

现阶段江西省农村连实现建好传统建筑都有难度，想要实现建筑碳达峰更是非常困难。

第五个困难，城乡建设领域从业人员的认识待提高。2030 年以前实现碳达峰，需从认识到行动防止不切实际的做法。目前，对于碳达峰与碳中和的认识尚浅。建筑的质量与标准偏低，发展超低能耗建筑、零碳建筑要求整个建筑业转向更高质量发展，需要优化和提升传统的建造方式和施工管理模式。

（二）“双碳”战略是挑战也是机遇

第一个机遇，建筑行业未来要发生革命性变化。2020年7月，住房和城乡建设部、国家发展改革委等七部门发布的《绿色建筑创建行动方案》提出，到2022年，城镇新建建筑中绿色建筑面积占比要达到70%，星级绿色建筑持续增加，既有建筑能效水平不断提高，住宅健康性能不断完善，装配化建造方式占比稳步提升，绿色建材应用范围进一步扩大。从中可以看出，装配化建造方式、超低能耗建筑和近零能耗建筑、新型建材等都蕴藏了不少发展机遇。装配式建造方式对于绿色建筑的推进意义重大。相比传统建造方式，装配式建筑可以节水90%，降低70%的废物、废渣以及大气污染。近年来，不少企业已经对装配式建造方式的发展进行了积极探索。

第二个机遇，有利于加快推动建筑产业结构优化升级，推进低碳工艺革新，深化新一代信息技术与制造业融合，建设绿色制造体系，推进钢铁、水泥、平板玻璃等行业的落后产能淘汰和存量项目节能降碳改造。有利于加快可再生能源替代行动，推动风能、太阳能开发利用布局，推进光伏建筑一体化项目建设，建设以新能源为主体的新型电力系统。

第三个机遇，碳排放交易市场的发展前景光明。《碳排放权交易管理办法（试行）》是为落实中共中央、国务院关于建设全国碳排放权交易市场的决策部署，根据国家有关温室气体排放控制的要求而制定的法规，在气候变化和促进绿色低碳发展中充分发挥市场机制作用，推动温室气体减排，规范全国碳排放权交易及相关活动。其允许企业在碳排放交易规定的排放总量不突破的前提下，可以用减少的碳排放量，使用或交易企业内部以及国内外的能源。

全国碳市场进入“高速运转模式”，全国碳排放权交易市场2021年交易胜利收官。自7月16日至12月31日，全国碳排放权交易市场共运行114个交易日，碳排放配额（CEA）累计成交量1.79亿吨，累计成交额76.61亿元。

建立全国统一碳市，一是有利于企业规避国际贸易摩擦中的受损风险。当前以节能减排、保护环境为目的碳税，成为国际贸易中的重要壁垒。二是碳金融市场的发展将提供更多的融资渠道，并创新推出碳期权、碳期货、与碳排放权挂钩的债券等产品。少数企业使用CCS（碳捕集、封存和利用）技术，对碳价的波动起到对冲作用，赋予企业有效规避因碳价波动而对其经营产生影响的能力，甚至可以利用碳价进行套利。

建筑业作为碳排放量最大的行业，江西省政府也在逐步探索针对建筑行业的碳排放交易管理机制，江西建筑业将迎来新一轮机遇。

二、江西省建筑碳中和推进路径

（一）建材生产阶段碳减排路径

目前，建筑材料和设备由于低碳建筑材料的使用带来了一些新的选项，例如，绿色材料的使用、需要自保温的墙体材料产品的推广、功能材料和复合材料的发展等。常见的建筑材料中，铝合金材料的低碳性能最好，其后是塑料、钢材和玻璃，水泥和混凝土的低碳性能最差。对于建筑企业而言，建筑材料的使用对建筑材料在生产阶段的碳排放有重大影响。这些高能耗、高碳排放的建筑材料被大量使用，不利于实现节能减排。因此，建筑企业应积极降低高耗能建筑材料比重，研发新型绿色可回收建筑材料，改进建筑材料减排技术，使用更多节能环保的建筑材料。调整建筑结构、降低传统高耗能建筑材料比例、提高回收率较高的建筑材料比例、优化建筑材料的使用，从多方面减少碳排放。对具体的建筑工程，应采用科学合理的材料预算，尽量减少建成后的建筑材料剩余量；加强工程物资、仓库管理，避免好料用少、长料短用、大料少用等现象；尽量使用就地材料，减少建筑材料在运输过程中造成的浪费。在选择设备时，应避免高性能施工设备低负荷运行或小功率施工设备超负荷运行。在运输物料和设备时，不能忽视能源消耗。其中，运输能耗主要取决于运输货物的种类和数量、生产设施到施工现场的距离、运输方式和运输工具。在江西省多是选择陆路运输，相对较短的距离可以选择卡车运输；对于较长的距离，铁路运输更节能。

（二）建筑施工阶段碳减排路径

建筑施工是人们利用各种建筑材料、机械设备按照特定的设计蓝图在一定的空间、时间内进行的为建造各式各样的建筑产品而进行的生产活动。它包括从施工准备、破土动工到工程竣工验收的全部生产过程。所以其减排措施应该从设计规划时就开始考虑。

建立健全建筑节能监测体系，确保建筑节能达标。建筑节能保温包括建筑材料的标准、设计、施工工艺、材料的防火防水性、稳定性、耐久性、安全性等。为此，建议建立建筑节能保温材料和产品准入系统或登记备案系统。建设、规划和监测单位应对节能建筑使用的材料和产品（如发泡胶板、塑料窗等，国家和地方规范或标准图纸是有规定的）进行性能和质量评估。对节能建筑所用材料和产品进行检测和监测，严格控制施工过程中节能设计的技术变更。任何参与施工的人员不得擅自更改节能设计内容，如需要变更，由原设计单位负责，须退回原设计图报审查机构复审。审查合格后报建筑节能管理机构办理备案手续。在施工过程中，建筑监理工程师必须严格监督建筑单位按照批准的建筑节能规划文件执行。同时，不得使用个别结构单位代表总工程处或项目部出具的节能改造指令。

对施工队伍进行节能施工技术培训，组织专业的节能建筑施工队伍，改进施工技术，简化施工流程，增加模板周转次数，减少建筑材料损耗。积极倡行工业化施工方式。节能建筑墙体、屋面、地面及门窗等的构造、材料和施工方法有严格要求，不少施工人员由于不理解节能设计意图，施工不到位，影响节能建筑质量。因此，有必要对施工队伍进行建筑节能施工技术专项培训，在条件允许的情况下，还可组织专业的节能建筑施工队伍。

工业化建设是实现建筑节能、高效、快捷、优质的目标，降低成本的有效手段。例如，在建筑施工过程中，可先根据工业化施工的要求进行建筑和结构设计，再根据设计图纸在工厂预制建筑构配件，如楼板墙板阳台楼梯卫生间等，待构件达到一定的强度后运输至施工现场，在现场进行吊装。在主体建造过程中，采用预制装配式建造方式。在工厂的预制过程中，主要构件及其材料的节约在钢材和混凝土材料、建筑用水材料和模板材料方面更为明显。与传统房屋相比，建造装配式房屋的污染物排放量会更低。此外，装配式房屋采用工厂生产定制和现场组装，避免现场湿作业，减少用水量，减少废水排放。在装修过程中，装配式住宅可减少粉尘污染、噪声污染，效果显著。可以看出，在建筑施工的各个方面，装配式建筑都比传统建筑更加节能减排，所以说装配式建筑是实现“建筑碳中和”的重要途径。

引入BIM（建筑信息模型）技术，整合施工现场信息管理。BIM技术可以实现施工方案模拟和碰撞点检查，有效实施初步检查，减少返工事故造成的材料、人员和时间损失。同时，BIM技术可以根据施工进度实时更新收料计划，优化工程机械配置，避免预制构件堆积，减少资源浪费和二氧化碳排放。目前，大部分碳排放量是基于全生命周期的计算，很少结合BIM技术和碳分析软件。BIM技术具有广泛的数据和信息集成功能，其强大的能耗模拟功能、灵活的数据处理功能和可视化的数据管理功能，结合碳排放分析软件Green Building Studio（能耗模拟软件），可以及时生成碳排放统计数据，方便建筑师与工程师沟通，实现通过在项目规划阶段模拟能源消耗数据，并在此基础上进行充分比较，使项目规划更加合理，这将对建设阶段资源的有效利用产生非常显著的影响。同时，所有参与施工的人员都可以在协同管理系统的基础上，随时沟通和交换碳排放信息，减少施工阶段的碳排放。政府应大力推广和支持使用BIM技术计算建筑碳排放量。

加强江西省的太阳能等可再生能源的利用。在建筑中引入和利用可再生能源是建筑行业未来发展的重要方向。可再生资源可以有效替代常规不可再生能源的使用，节能优化效果直接可见，促进了建筑行业的可持续发展。在发展的同时，也缓解了全社会在发展中面临的能源短缺问题。此外，在某些建设项目中，如果能够充分、合理地引入和利用可再生能源，可以有效避免一些传统能源使用带来的污染问题，对营造更舒适、更合理的建筑空间起到积极作用。这也是可再生能源应用的重要成果。例如，建筑光伏系统是将太阳能技术应用于建筑的系统。建筑光伏系统根据集成程度可分为附加光伏系统（BAPV）和建筑一体化光伏系统（BIPV）。附加光伏系统只是简单地附着在建筑物上，主要功能是发电，不与建筑物的功能发生冲突，不破坏或削弱原有建筑物的功能。而光伏建筑一体化是指将光伏系统融入建筑物，对建筑进行综合规划、设计、制造、安装和使用。

（三）建筑运行阶段的碳减排路径

建筑运行阶段的减排是指在基本供应的前提下，采取各种措施，最大限度地减少能源消耗，达到减少碳排放的目标，这里的能源消耗主要是指电力、热力等不可再生能源的消耗。建筑物生命周期内消耗的大部分能源在使用阶段产生，约占整个建筑周期能源消耗的 80%，所以在使用过程中节约能源是非常重要的。为了节约能源，首先，要降低负荷，如减少使用高能耗设备，尽可能使用节能设备，这是节能的根本；其次，要充分利用自然资源，如使用自然光而减少使用白炽灯、多通风而减少空调的使用、收集雨水冲厕等。在使用能源过程中应保持正确的使用方法，并保持良好的生活习惯。目前，大量能源因不正确的使用而被浪费，从而增加了本可以避免的二氧化碳排放量。例如，在一些高档酒店和写字楼中，室内温度冬季过高、夏季过低，“冬天开暖气吹风扇，夏天开空调盖羽绒被”的现象屡见不鲜。这是对自然资源的极大浪费，也不利于人类健康。对于减少电器使用导致的碳排放，应统筹规划，从发电结构进行调整。对于集中供暖的情况，应该提高热力公司的供暖效率，必要时可以通过由政府进行部分补助、设定奖励等形式，刺激热力公司改善运行效率。此外，保持建筑室内温度是有效减少能量消耗的途径，包括围护结构等。因此，应当鼓励新型、高效的建筑保温技术的研究、应用。

（四）建筑拆除阶段的碳减排路径

在建筑拆除阶段，建筑材料和构件应成为其他建筑的资源或必须回归自然的废弃物。该阶段处理不当，对环境的影响巨大。

减少建筑垃圾。拆除的建筑材料和构件尽可能回收或再利用。为减少建筑垃圾的产生，需要考虑对被拆除建筑物的资源进行再利用。在这种情况下，有必要开发新的拆除方法。采用传统的爆破拆除方式，无法实现资源再利用。采用有效的拆除方法，可以将被拆除建筑物中的有价值的部分拆除回收。

分类拆除。当建筑材料被随意拆除时，几种类型的材料混合在一起形成混合废弃物。当它们被分类拆除时，分离开的废弃物可以很容易地再利用。例如，混凝土、玻璃、木材等混合时，很难再用于其他用途，资源不能有效利用，再利用效率大大降低。如果可以实现分类和回收，那么混凝土可以作为路基辅料，玻璃可以熔化后再利用，木材压缩后还可以做出新的木板等。这样资源利用的效率大大提高，建筑垃圾量将大量减少。

对于建筑材料废料的回收利用，最主要的途径应该是从先进回收利用技术着手，充分鼓励、发展科研部门或者企业开发建筑废料的回收途径，并推动在实际中的应用。另外，研究表明，适当的政府补贴和合适的碳税税率调整可以促进建筑废料回收的积极性，因此，政府可以由这两点着手，带头促进建材废料的回收利用。提高回收效率，减少资源浪费，特别是一些对环境有害、高耗能的建筑材料，它们必须进行分类和分级处理，以最大限度地提高回收率。拆除下来的废弃物通常必须经过处理才能回收。建筑废弃物经处理后，大部分可作为可再生原料重新利用。例如：从混凝土中分离出来的骨料可以作为原料来再生混凝土、砂浆或制备砌块、墙板、地砖等建筑材料；将废砖、瓦片粉碎成骨料，还可制成再生砖、砌块、墙板、地砖等建筑材料；废钢、废铁等金属废料经回收后可加工成金属制品；废玻璃加工成外墙装饰材料和再利用保温材料；等等。

三、江西省建筑碳中和发展对策

中国碳达峰、碳中和目标旨在对气候变化做出积极应对，从而实现可持续发展。在建筑领域，为协同这一目标的实现，出台了相关政策，其主要围绕绿色建筑、建筑节能等关键词展开。江西省建筑碳中和发展对策可分为以下五个部分阐述：

（一）政策引导建筑零碳化

在建筑领域为实现碳达峰，重要抓手是发展绿色建筑、低能耗建筑，政府的政策引导以及约束在促进绿色建筑、低能耗建筑发展中发挥重要作用。《近零能耗建筑技术标准》（GB/T 51350-2019）自 2019 年 9 月 1 日起实施，该标准整合被动房和零能耗建筑的指标体系，为形成我国自有近零能耗建筑体系、指导行业发展提供了有力支撑。江西省也在加快建造方式的转变，积极适应建筑业向高端、智能、绿色转变的新趋势。今后需要进一步完善政策体系和管理制度，以通过政策引导，逐步推进建筑领域的零排放。

国务院印发的《2030 年前碳达峰行动方案》也提出实施城

乡建设碳达峰行动，加快推进城乡建设绿色低碳转型。在城乡建设领域，也对碳减排工作作出了政策引导，落实低碳目标。

2021 年 11 月 12 日，《江西省人民代表大会常务委员会关于支持和保障碳达峰碳中和工作促进江西绿色转型发展的决定》发布，提出提升城乡建设绿色低碳发展，在城乡规划建设中建设管理各环节全面落实绿色低碳要求，推进城乡建设和管理模式低碳转型。大力发展低碳建筑，全面推广绿色低碳建材，推动建筑材料循环利用等。

（二）健全保障措施

面对全球气候变化，我国提出 2030 年前实现碳达峰、2060 年前实现碳中和的发展目标，江西省积极响应国家应对气候变化的战略，面对在江西省降碳协同控制过程中出现的一系列重点、难点问题，完善碳排放管理标准体系对指导建筑领域碳排放管理工作、推动绿色低碳能源运用、促进区域率先实现达峰具有重大意义。因此，在防治大气污染与控制温室气体排放这两重压力下，迫切需要建立系统的碳排放管理标准体系，必须针对碳达峰和碳中和的发展目标提出相应的保障措施。

1. 建立有效的组织保障

成立江西省“碳达峰”“碳中和”工作领导小组，由省委书记任组长，省长任副组长，各相关部门负责人任组员。适时召开领导小组全体会议，制定工作规则和计划安排。各单位分解任务、明确责任、专人负责、协调联动，确保行动计划全面落实。将省、市下达的目标任务层层分解，责任到人，认真组织实施，形成“政府统一领导，部门责任划分，企业特定实施，任务目标明确”的长期机制。及时解决实施行动计划中遇到的主要问题，制定相应的政策，推动行动计划顺利实施。

2. 科学谋划专项规划

研究制定《江西省建筑业绿色发展“十四五”规划》、《江西省碳达峰行动方案》等，并注重与省、市碳排放指标之间的衔接。将稀贵金属综合回收利用、新材料、节能环保、高端装备制造、电子信息等重点产业的碳排放总量控制目标、碳排放强度目标纳入规划，作为约束性指标，带动江西省工业部门低碳转型和发展。建立综合调整机制，加强碳排放总量控制目标与碳排放强度、能源消耗总量、能耗强度、森林蓄积量、非化石能源占比等其他目标的连接，加强控制目标政策实施。根据建筑业低碳转型的需求，尽快整理需要进行低碳转型的重点企业目录，加快研究和制定“十四五”重点行业的低碳转型规划方案，通过支持性政策推进产业结构的低碳化调整，促进低碳经济的快速发展。

3. 构建协同治理机制

依托已有的大气污染物控制考核体系，加强碳排放基础数据监测、统计，将碳排放控制与现有污染减排管理相结合，同时对新建或改扩建项目，在开展环境影响评价制度中同时引入碳排放评价制度，融合为双评价制度，为将来“双碳”目标提供预判。

4. 强化目标责任考核

（1）建立常态化碳排放核算与报告制度。建立温室气体排放量的基础统计和核算工作体系，编制温室气体排放年度清单，通过建立工作领导小组，各部门定期充分对接数据核算与汇总事宜，开展常态化对接，建立统计体系，涵盖江西省能源活动、工业生产流程、农业、土地利用变化与林业、废弃物处理等领域的温室气体排放核算，在组织上不断完善多部门协调的碳排放核算与报告制度，实行重点企业直接提交能源和温室气体排放量数据的制度。在技术方面，加快应用碳排放统计分析信息化手段，针对园区、社区、企业、建筑等碳排放单位实施覆盖全面感知及时的碳排放态势监测手段，以持续改善碳排放总量控制精度。

（2）开展碳排放控制目标分解与考核。将省、市级碳排放控制目标纳入各部门的综合评价、绩效考核体系及考核目标完成结果。并从时序性的角度，将江西省碳排放总量控制目标科学分解到各年度，形成年度控制考核目标。结合工业、建筑、交通等重点行业单位产品（服务量）的碳排放标准及行业先进值，将江西省的碳排放总量控制目标分解到主要部门，以及稀贵金属综合回收利用、新材料、节能、环保、高端装备制造、电子信息等重点产业的规模以上的企业。增强“双控”制度建设，建立和完善用能预算等管理制度，促进能源的高效分配和合理使用。将碳排放考核工作与新能源项目和高耗能、高排放固定资产投资项目挂钩，并严格控制新建项目的新增碳排放量。合理确定重大工程和重点建设项目的碳排放增量空间，从源头遏制碳排放不合理增长。

5. 筑牢专项资金保障

从相关政策文件中列出重大专项投资，对工业节能、可再生能源、建筑和交通部门节能、可持续基础设施等领域持续投入，发挥综合投资效应和协同减排的效应。

支持采用正向激励的方式，对绿色低碳发展主体进行资金方面的直接补贴或“以奖代补”，对绿色产品和绿色低碳技术提供资金保障，条件成熟时开展可再生能源电力配额制和绿证交易制。鼓励对采用清洁能源、实施节能技改的企业进行税收减免，实行税收优惠政策，包括增值税即征即退的优惠政策，企业所得税减免、抵免的优惠政策等，从而促进绿色低碳能源的发展。鼓励金融机构将资金投向绿色低碳环保领域，降低绿色低碳企业的成本，助力高碳能源逐渐向低碳能源转型。

6. 重视培养低碳人才

制定培训计划，对政府及企业碳排放管理相关的人员进行专项培训，培训内容包括：碳减排法律、法规、政策、标准及其他要求；碳排放管理体系标准及体系文件；碳排放核算和报告指南；碳排放权交易和履约；碳资产管理与碳减排技术；等等。推进江西地区内示范性低碳能源学科建设，构建数字化资源平台，打造高效培养复合型、创新型人才的创新策源高地。加强碳审计师、碳资产管理师队伍的建设，从教育和人事制度上保障碳审计、碳资产管理专业技术人员队伍整体素质的提高，制定人才准入政策，健全行业碳计量管理，推进企业节能减碳水平全面提高。

（三）实现建材低碳化

建筑材料生产阶段的碳排放量不容小觑，《中国建筑能耗研究报告（2020）》数据显示，建筑材料生产阶段的碳排放量占建设总碳排放的55.2%。江西省建材企业贯彻落实绿色发展理念，加强节能减排和资源综合利用，积极发展循环经济和低碳经济，构建绿色制造系统。为实现建材生产端减碳，其路径包括：①调整优化产业产品的结构，推动建筑材料行业的绿色低碳化和发展。②加强低碳技术的研究开发，推进低碳技术在建筑材料行业的普及和应用。③产品创新。近年来，中国的建材产业开发了玻璃、碳纤维等高端产品，为航空航天和工程建设等领域提供了保证。未来，江西建筑材料企业也要积极构建产业链"链长"，推动科技创新和产品创新，如研究真空技术，做成保温性能好的绝热材料对实现建筑节能这一目标比较有利，可探索真空技术在建筑节能领域的运用，真空绝缘防止热量通过传导散失。将真空绝热板应用在建筑保温中，应用部位主要在建筑外墙。④防止大规模拆卸和施工，将传统矿物置换为工业废弃物、烧结黏土。⑤加大清洁能源使用比例，研发并应用将二氧化碳作为生产原料的建筑材料或者能够吸收二氧化碳的建筑材料。⑥提高建筑废料的回收率，从分类、回收、再生处理、资源利用、产品用途五个阶段推进建筑废料的再利用。

（四）推进可再生能源建筑应用

将绿色技术引入以削减建筑碳排放量，利用可再生能源达到进一步降低化石能源消耗和碳排放的目标。

采用适应地区气候环境的建筑设计，控制建筑物体型系数，减少建筑外围护面积，采用自遮阳改善空间布局，提高建筑运营用能效率。

与传统住宅相比，装配式住宅的保温材料和水泥砂浆消耗量减少，装配式住宅每平方米的碳排放量减少了约 30 千克，积极推进装配式建筑也是减少建筑碳排放的最佳方法之一。

关注清洁能源的应用，有效利用建筑产业能源，推广分散式风电、分布式光伏、智能光伏，提高清洁生产水平和生活能源，加强配电网、能源储存、电动汽车充电桩等能源基础设施建设，加快基础设施绿色升级。

推动可再生能源建筑一体化的大规模化发展，促进适当的新建建筑安装光伏，促进可再生能源项目的革新和示范。

（五）建筑电气化的技术应用

建筑电气化是促进可再生电力能源应用于建筑领域、实现建筑碳达峰碳中和的必要途径。建筑电气化可助力建筑领域尽早实现碳达峰，减少建筑运行期的碳排放。

为提高建筑用电效率，采用高效率节能设备。利用太阳能、地热源、河川水源等，通过削减煤炭、石油等传统化石燃料的消耗量，实现大楼能源需求的自给自足，进一步降低能耗、节约资源。

使用热泵技术推动取暖领域的电气化，用电器替代品代替化石能源的动力设备。热泵利用电力进行热量输送，或者将热量从不需要的地方转移出去，可以实现用同一设备进行供暖。

提高楼宇终端的电气化水平，探索建设集光伏发电、能源储存、直流电力分配、柔性电力消耗的“光储直柔”建筑。

四、江西省建筑碳中和发展展望

建立绿色建造示范项目，推进绿色、工业化、信息化、集约化、产业化的建造方法，加强技术创新和综合以及精细设计和灵活运用新技术。

为实现建筑领域的碳中和，从建材的生产、建造、运行、拆除这四方面出发，发展绿色低碳新技术必须要建筑全生命周期所有阶段共同发力。

随着可再生能源等新技术的发展，现代建筑面临革命性新趋势，未来建筑节能和产能两种技术将进行结合，实现用最低的成本达到最高的效率；将可再生能源组合到建筑中，如太阳能光伏、地源热泵等使建筑成为能源的分配器，同样使建筑成为产能单位；将对建筑结构进行变革，使建筑与分布式的储能装置结合，解决建筑自身的能源储存的问题，同时为构建安全的城市电网作出贡献。

建筑领域的碳中和有明确的计算碳排放量的方法和标准，充分实施绿色建筑评价标准体系，准确核算建筑物的碳足迹，需要发行更为全面的技术指导方针。

在建筑领域中实施碳排放量监测、核算、交易系统，充分利用碳市场，提高建筑能耗和碳排放量监测能力，在碳市场上进行碳配额或核证减排量的交易，抵消建筑物的碳排放，使用 CCUS（碳捕获、利用和封存技术）、林业碳汇及手段，持续增强林业碳汇能力。

参考文献

［1］ Abanades J，Anthony E，Wang J，et al. Fluidized bed combustion systems integrating CO_2 capture with CaO［J］. Environmentalence & Technology，2005，39（8）：2861-2866.

［2］ 蔡伟光. 完善建筑领域碳排放核算体系 助力城乡建设绿色低碳发展［N］. 中国建设报，2021-11-18（006）.

［3］ 陈嘉轩. 低碳概念下的建筑设计应对策略［J］. 住宅与房地产，2017（1）：53.

［4］ 陈江红，李启明，邓小鹏. 住宅建筑全生命周期的能耗分析［J］. 建筑经济，2008（7）：117-120.

［5］ 陈露. 住宅建筑全生命周期碳排放测算及减排策略研究［D］. 沈阳建筑大学，2020.

［6］ 陈向国. 建筑行业碳达峰碳中和时间紧任务重［J］. 节能与环保，2022（2）：10-12.

［7］ 陈永亮. 水泥混凝土路面再利用分析［J］. 现代公路，

2011（1）：108-109.

［8］代红才，张运洲，李苏秀，张宁．中国能源高质量发展内涵与路径研究［J］．中国电力，2019，52（6）：27-36.

［9］丁衎然，谢剑．废旧建筑材料再利用与建筑的拆解［J］．建筑结构，2016（9）：100-101.

［10］端木．住建部：全面提升建筑业绿色低碳发展水平［J］．中国房地产，2021（12）：6.

［11］凡培红，戚仁广，丁洪涛．我国建筑领域用能和碳排放现状研究［J/OL］．建设科技，2021（11）：19-22. DOI：10.16116/j. cnki. jskj. 2021. 11. 003.

［12］高玫．江西建筑业低碳发展路径与政策选择［J］．今日财富，2016（12）：33-35.

［13］宫婷．建筑全生命周期下的碳排放研究［D］．上海交通大学，2017.

［14］郭而郛，崔雅楠，王瀛，曹晨．绿色居住建筑全生命周期碳排放研究［J］．中国建材科技，2017，26（5）：9-12+15.

［15］韩素燕．余热利用及其控制技术在智能建筑中的应用［J］．楼宇自动化，2012，188（7）：56-59.

［16］韩学义．电力行业二氧化碳捕集、利用与封存现状与展望［J］．中国资源综合利用，2020，38（2）：110-117.

［17］何润民，李森圣，曹强，周娟．关于当前中国天然气供应安全问题的思考［J］．天然气工业，2019，39（9）：

123-131.

［18］胡慧琼，张卓．建筑产品全寿命周期资源优化与绿色管理原则［J］．商业经济，2004，261（12）：87-88.

［19］华金火．建筑机械节能技术研究［J］．中国设备工程，2018（18）：230-231.

［20］金红光，何雅玲，杨勇平，纪军，史翊翔，杜小泽．分布式能源中的基础科学问题［J］．中国科学基金，2020，34（3）：266-271.

［21］李晨曦，孙文州，王晓龙等．废料综合再生利用，促进生态环境建设［C］．2008 城市发展与规划国际论坛论文集，2008.

［22］李丹萍，徐晓东，刘辰熙．国内外碳交易市场理论与发展实践综述［J］．甘肃金融，2021（9）：14-18.

［23］李慧，邓权学，张静晓．全寿命周期视角下建筑减排策略——我国建筑业绿色发展考察［J］．开放导报，2018（2）：62-67.

［24］李琼慧，叶小宁，胡静，黄碧斌，王彩霞．分布式能源规模化发展前景及关键问题［J］．分布式能源，2020，5（2）：1-7.

［25］李雅娟，韦锦帆，杜进生．混凝土桥梁拆除废料再生利用试验研究［J］．设计与实验，2016（9）：70-75.

［26］林楚．国家能源局：加快建设全国统一电力市场体系

［N］．机电商报，2022-01-10（A06）．

［27］刘冰．多场景变压吸附碳捕集的工艺设计和分析［D］．天津大学化工学院，2020.

［28］刘琛，宋尧．中国碳排放权交易市场建设现状与建议［J］．国际石油经济，2019，27（4）：47-53.

［29］刘丹阳．江西碳达峰碳中和工作要做到五个“要”［EB/OL］．（2021-11-25）［2022-03-13］．http：//www.chinadevelopment.com.cn/news/ny/2021/11/1754024.shtml.

［30］刘晗．天津市民用建筑能效交易现状与发展思路［J］．墙材革新与建筑节能，2014（6）：36-37.

［31］刘娜．建筑全生命周期碳排放计算与减排策略研究［D］．石家庄铁道大学，2014.

［32］刘念雄，汪静，李嵘．中国城市住区 CO_2 排放量计算方法［J］．清华大学学报（自然科学版），2009，49（9）：1433-1436.

［33］刘小兵，武涌，陈小龙．我国建筑碳排放权交易体系发展现状研究［J］．城市发展研究，2013，21（8）：64-69.

［34］刘妍．江西省碳排放时空分布与峰值预测研究［D］．江西师范大学，2019.

［35］陆敏．我国碳排放配额交易市场现状及价格问题研究［D］．南京航空航天大学，2016.

［36］陆娅楠．保供稳价成效显著［N］．人民日报，2021-

11-17（013）.

［37］毛涛．碳达峰与碳中和背景下工业低碳发展制度研究［J］．广西社会科学，2021（9）：20-29.

［38］毛玉如，方梦祥，马国维．水泥工业的废弃物利用与 CO_2 排放控制探讨［J］．再生资源研究，2004（4）：32-37.

［39］牛鸿蕾．中国建筑产业的低碳发展机制与对策研究［D］．徐州工程学院，2018.

［40］牛建广，王斐然．碳交易体制下建筑业减排影响分析［J］．赤峰学院学报（自然科学版），2021，37（5）：36-40.

［41］任韬．建筑拆除中建筑材料资源可持续利用技术策略研究［D］．西安建筑科技大学，2015.

［42］师志成，赵珊珊，张永学等．工业用能过程碳捕集与封存技术发展研究［J］．天然气与石油，2021，39（5）：29-37.

［43］施晓哲．碳减排技术在建筑工程施工中的应用［J］．建筑技术开发，2021，48（20）：153-154.

［44］实施电能替代 推动能源消费革命——解读《关于推进电能替代的指导意见》［J］．中国经贸导刊，2016（18）：51-52.

［45］史作廷．做好重点用能单位节能降碳工作［J］．红旗文稿，2021（10）：27-29.

［46］孙立新，董宏，周辉，郭伟，张海燕．木结构与混凝土结构房屋全寿命周期碳排放对比分析研究——以中加合作项目泰达悦海酒店公寓为例［J］．建设科技，2016（5）：14-16+19.

［47］孙文州，祝长康，李达辉．废料综合再生利用促进上海可持续发展［J］．市政与交通，2008（1）：41-43.

［48］谭平．建筑施工垃圾减量与利用策略研究［J］．浙江建筑，2016（3）：60-62.

［49］王翠坤．加快推进建筑业低碳发展［J］．施工企业管理，2021（4）：48.

［50］王戴薇，吕祖军．“碳达峰、碳中和”背景下的低碳建筑研究和运用［J］．中国工程咨询，2021（12）：50-54.

［51］王红专．浅析城市管道天然气价格的管理［J］．财经界，2021（15）：49-50.

［52］王军．电能替代技术的应用探析［J］．中国设备工程，2021（13）：204-205.

［53］王伟宏．在低碳发展视域下看发展低碳建筑业［J］．黑龙江科技信息，2010（18）：324.

［54］王文兴，柴发合，任阵海，王新锋，王淑兰，李红，高锐，薛丽坤，彭良，张鑫，张庆竹．新中国成立70年来我国大气污染防治历程、成就与经验［J］．环境科学研究，2019，32（10）：1621-1635.

［55］王幼松，杨馨，闫辉，张雁，李剑锋．基于全生命周期的建筑碳排放测算——以广州某校园办公楼改扩建项目为例［J］．工程管理学报，2017，31（3）：19-24.

［56］王玉，张宏，董凌．不同结构类型建筑全生命周期碳

排放比较［J］．建筑与文化，2015（2）：110-111.

［57］王震，薛庆．充分发挥天然气在我国现代能源体系构建中的主力作用——对《天然气发展“十三五”规划》的解读［J］．天然气工业，2017，37（3）：1-8.

［58］吴佳阳．燃烧后二氧化碳捕集系统的全生命周期环境评价［D］．浙江大学能源工程学院，2019.

［59］肖正华，高洋洋．碳达峰、碳中和目标下，建筑业绿色技术创新提速［J］．建筑监督检测与造价，2021，14（2）：45-46.

［60］熊焰．低碳之路：重新定义世界和我们的生活［M］．北京：中国经济出版社，2010.

［61］杨锦琦．江西省碳交易市场的现状及对策探讨［J/OL］．企业经济，2012，31（10）：22-25. DOI：10. 13529/j. cnki. enterprise. economy. 2012. 10. 006.

［62］依巴丹·克那也提．探究建筑材料资源的可循环利用［J］．新型建筑与资源，2021（6）：120-122.

［63］殷帅，刘菁，李明洋，杨天娇．中国建筑领域实施碳排放权交易的特点及建议［J/OL］．建设科技，2021（11）：23-27. DOI：10. 16116/j. cnki. jskj. 2021. 11. 004.

［64］张宝林，于衍衍，潘焕学．区域性碳排放权交易中心发展战略研究——以江西省为例［J/OL］．林业经济，2013，36（11）：60-64. DOI：10. 13843/j. cnki. lyjj. 2013. 11. 006.

［65］张君宇，宋猛，刘伯恩．中国二氧化碳排放现状与减排建议［J/OL］．中国国土资源经济，2022，35（04）：38-44+50. DOI：10.19676/j.cnki.1672-6995.000685.

［66］张明祥，范江平，林文熠等．建筑拆除中建筑材料资源可持续利用技术探究［J］．江西建材，2017（13）：1-2.

［67］张肖明，黄沛增，崔庆怡．西安市建筑垃圾减量化和资源化利用现状研究［J］．生态城市与环境，2020（1）：102-107.

［68］张鑫莲．建筑业应加快转变发展方式 推进绿色低碳发展［N］．中华建筑报，2011-03-08（003）．

［69］张玉龙．建筑拆除中建筑材料资源可持续利用技术探究［J］．建材·质检·研究，2018（37）：57.

［70］赵紫原．终端用能电气化：潜力巨大 阻力不小［N］．中国能源报，2021-11-29（012）．

［71］周凡．基于 BIM 的施工资源配置优化研究［D］．广州大学，2016.

［72］周健，邓一荣，庄长伟．中国碳交易市场发展进程、现状与展望研究［J］．环境科学与管理，2020，45（9）：1-4.

［73］朱佳磊．京津冀大气污染防治中的合作治理研究［D］．华东师范大学，2019.